Kohlhammer

Dr. Markus Pulm

Falsche Taktik – Große Schäden

10. Auflage

Verlag W. Kohlhammer

Wichtiger Hinweis
Der Verfasser hat größte Mühe darauf verwendet, dass die Angaben und Anweisungen dem jeweiligen Wissensstand bei Fertigstellung des Werkes entsprechen. Weil sich jedoch die technische Entwicklung sowie Normen und Vorschriften ständig im Fluss befinden, sind Fehler nicht vollständig auszuschließen. Daher übernehmen der Autor und der Verlag für die im Buch enthaltenen Angaben und Anweisungen keine Gewähr.
Die Abbildungen stammen – soweit nicht anders angegeben – von der Branddirektion Karlsruhe oder vom Autor.

10. Auflage 2024

Umschlagsbild: Branddirektion Karlsruhe
Gesamtherstellung: W. Kohlhammer GmbH, Stuttgart

Print:
ISBN 978-3-17-044472-0

E-Book-Formate:
pdf: ISBN 978-3-17-044474-4
epub: ISBN 978-3-17-044475-1

Inhaltsverzeichnis

1 Einführung in das Thema

1.1 Einleitung

Tag für Tag rücken Feuerwehrangehörige aus, um Menschen und Tieren in Not zu helfen, die Umwelt zu schützen und Sachwerte zu erhalten. Trotz allen beruflichen oder ehrenamtlichen Engagements können sie nicht verhindern, dass Menschen sterben oder schwere Verletzungen erleiden und Sachwerte in Milliardenhöhe vernichtet werden. Viele dieser Schäden sind unvermeidbar, sind häufig bereits eingetreten, bevor die Feuerwehr eingreifen kann. Einige nicht unerhebliche Verluste könnten jedoch vermieden werden. Sie sind auf grundlegende Fehler in unseren taktischen Überlegungen zurückzuführen. Es ist an der Zeit umzudenken.

Taktik (ursprünglich: »Kunst der Anordnung und Aufstellung«) ist geplantes, berechnendes Denken und Handeln im Rahmen eines Gesamtplanes, um ein Ziel zu erreichen. Taktik ist damit vorrangig ein Thema für Führungskräfte, deren Aufgabe es ist, Gefahrenschwerpunkte zu erkennen und geeignete Gegenmaßnahmen zu finden und zu veranlassen. Taktik ist aber auch ein Thema für Truppführer, die in bestimmten Bereichen auf sich alleine gestellt sind und eigenverantwortlich Entscheidungen treffen müssen. Auch von deren Sachverstand und taktischem Verständnis kann der Einsatzerfolg entscheidend abhängen.

Die taktischen Überlegungen, die an allen Einsatzstellen anzustellen sind, müssen zielorientiert ausgerichtet sein. Nur wenn die Ziele richtig erkannt sind und sich die taktischen Überlegungen an diesen Zielen orientieren, kann erfolgreich im Sinne des Kunden gearbeitet werden. Ist dies nicht der Fall, werden Lagen fehlerhaft bewertet und falsche Schwerpunkte gesetzt. Dies führt fast zwangsläufig zu schlechteren Ergebnissen (▶ Bilder 1a–c). Leider ist dies häufig der Fall. Und was noch schlimmer ist, es wird uns oftmals nicht einmal bewusst.

»Manch scheinbar ›erfolgreicher‹ Einsatz ging mir nochmals kritisch beleuchtet durch den Kopf.« Ein Stadtbrandmeister, nachdem er erstmals den Vortrag zu diesem Thema gehört hatte.

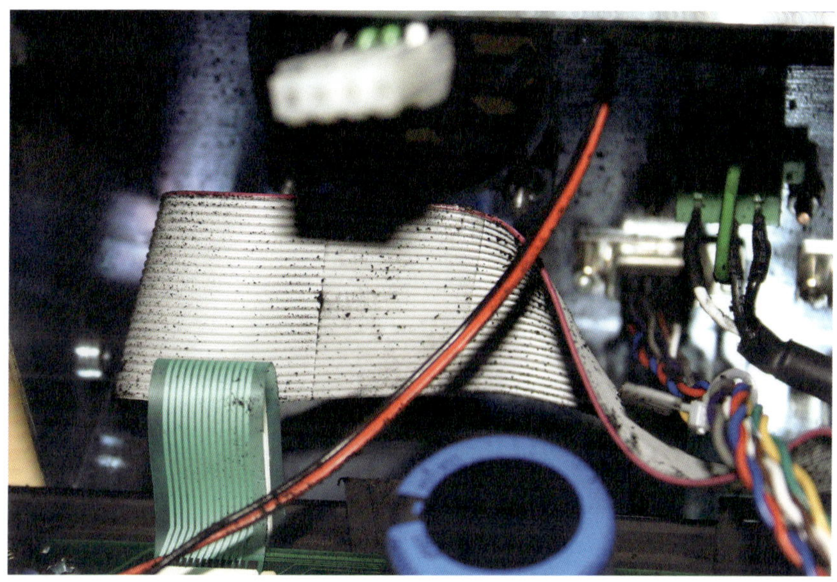

Bilder 1a–c: ***Selbst kleine Brände können immense Schäden durch Kontamination verursachen. Hohe Kosten und lange Ausfälle sind häufig die Folge.***

Ausgelöst wurden die in diesem Buch dargestellten Überlegungen im Zuge der Begehung der brandgeschädigten Fachhochschule in Karlsruhe. Angesichts der ungeheuren Rauchschäden in Höhe von einigen Millionen reifte der Gedanke: »Irgendwas machen wir falsch«. Einmal geboren wurde dieser Gedanke in langen Diskussionen und Gesprächen mit Kollegen weiter vertieft. Die anfänglich sehr kritisch und kontrovers geführten Diskussionen stießen im Laufe der Zeit auf eine immer breitere Zustimmung. Immer neue Beispiele und Lösungsansätze entstanden.

Dieses Buch versucht, anhand von Beispielen die Problematik zu veranschaulichen und zeigt Lösungsansätze auf, die naheliegend und trivial sind und dennoch nicht dem üblichen Standard unserer Vorgehensweise entsprechen. Dem Leser wird Bekanntes aus einer ungewohnten Blickrichtung vermittelt. Die so gewonnenen Erkenntnisse werden unter Umständen überraschen. Die Grundüberlegungen sind auf alle Einsatzarten übertragbar, auch wenn die meisten Beispiele aus dem Bereich Brandbekämpfung stammen. Einmal erkannt, sind die Überlegungen leicht nachvollziehbar und können wesentlich dazu beitragen, Schäden zu vermeiden. Sie tragen zudem zu einem erhöhten Sicherheitsstandard für die eingesetzten Einsatzkräfte bei.

Mit den kritischen Anmerkungen soll keinesfalls alles Bisherige in Frage gestellt werden. Es soll lediglich versucht werden, Sie zum Nachdenken anzuregen und zu animieren, in einzelnen Fällen neue Wege zu gehen!

1.2 Umdenken – ein Thema nur für Führungskräfte?

»Führung ist die Einflussnahme auf die Entscheidungen und das Verhalten anderer Menschen mit dem Zweck, mittels steuerndem und richtungsweisendem Einwirken vorgegebene und aufgabenbezogene Ziele zu verwirklichen. Das bedeutet, andere zu veranlassen, das zu tun, was zur Erreichung des gesetzten Zieles erforderlich ist.«
FwDV 100

Es gibt grundsätzlich zwei Führungsstile, den kooperativen und den autoritären Führungsstil. Die FwDV 100 spricht sich dafür aus, im Allgemeinen den kooperativen Führungsstil anzuwenden. Der kooperative Führungsstil zeichnet sich dadurch aus, dass Mitarbeiter und Fachleute zur Beratung herangezogen werden und dadurch die Einsatzabwicklung nicht nur auf dem Fachwissen des Einsatzleiters basiert. Verantwortung wird delegiert, Mitarbeiter haben Freiräume, in denen sie sich eigenverantwortlich entfalten können. Hierdurch wird der Einsatzleiter entlastet. Er muss sich nicht um Details kümmern, die vor Ort von den Mitarbeitern bearbeitet werden. Diese sollen sich selbst mit ihren Fähigkeiten einbringen. Allerdings sollen sie dies im Sinne des Einsatzleiters tun. Diese Art der Führung setzt deswegen voraus, dass die Mitarbeiter über das notwendige Fachwissen verfügen und zudem über die Lage und die Absichten des Einsatzleiters in ausreichendem Umfang informiert sind.

Übertragen auf den Bereich der Einsatztaktik wird zwischen *Auftragstaktik* und *Befehlstaktik* unterschieden. Die Befehlstaktik entspricht eher dem autoritären Führungsstil. Die Befehle des Einsatzleiters sind detailliert verfasst und lassen keinen oder einen nur sehr begrenzten Ermessensspielraum zu. Bei Anwendung der Auftragstaktik beschränkt sich die Führungskraft darauf, grobe Handlungsanweisungen zu geben und überlässt es den ausführenden Kräften, diese zielorientiert und lageabhängig umzusetzen. Je nach Lage entscheidet der Einsatzleiter, welche Taktik er bevorzugt. Analog zum kooperativen Führungsstil erfordert die erfolgreiche Anwendung der Auftragstaktik zwingend einen hinreichenden Informationsaustausch an der Einsatzstelle und klare Zielvereinbarungen.

Bild 2: ***Feuerwehr ist Teamarbeit – nicht selten muss das Team unter Zeitdruck funktionieren. Detaillierte Absprachen sind oftmals nicht möglich, sodass die grundsätzlichen Überlegungen, Zielvorgaben und Handlungsabläufe im Vorfeld besprochen und trainiert sein müssen.***

Der Zeitdruck an der Einsatzstelle erlaubt es meistens nicht, ausgiebige Lagebesprechungen durchzuführen. Bestimmte Handlungsabläufe müssen standardisiert sein und auf Zuruf ausgeführt werden können. Die grundsätzliche Denkweise der Führungskräfte muss der Mannschaft schon im Vorfeld vermittelt worden sein. Will man, wie in diesem Buch angeregt, zum Beispiel in bestimmten Lagen künftig mit einer modifizierten Taktik arbeiten und ungewohnte Wege beschreiten, so muss die Mannschaft durch Vorträge, Diskussionen und praktische Übungen darauf vorbereitet sein, um an der Einsatzstelle Diskussionen und Fehlinterpretationen zu vermeiden.

Umdenken – ein Thema für uns alle!

1.3 Denkanstöße

1.3.1 Zwei Thesen zur Einstimmung:

These 1:

Der Einsatz der Feuerwehr, sei es zur Menschenrettung, Brandbekämpfung oder sonstigen Hilfeleistung hat unmittelbar Einfluss auf das Einsatzgeschehen. Außer den gewünschten, positiven Effekten kommt es häufig zu einer unerwünschten Schadenausweitung in Teilbereichen als Folge unserer Maßnahmen.

These 2:

Viele dieser, durch den Einsatz der Feuerwehr verursachten Schäden sind vermeidbar

- **durch eine verstärkte Sensibilisierung der Einsatzkräfte,**
- **durch eine geänderte Taktik,**
- **durch eine Ergänzung unserer technischen Ausstattung.**

Die erste These ist eine nüchterne Darstellung der Realität. Selbstverständlich haben unsere Maßnahmen Einfluss auf das Geschehen. Wäre dies nicht der Fall, wäre unser Einsatz wirkungslos. Ebenso selbstverständlich ist, dass sich Schäden im Zuge unserer Maßnahmen nicht immer vermeiden lassen. So wird ein Blumenbeet, in dem eine Steckleiter zur Menschenrettung in Stellung gebracht wird, sicherlich Schaden nehmen. Diese erste These beinhaltet im Gegensatz zur zweiten These keinen Vorwurf, keine Kritik.

Gewiss verursachen wir nicht bei allen Einsätzen vermeidbare Schäden. Bei selbstkritischer Betrachtung unserer Tätigkeit wird jedoch jeder genügend Beispiele finden, die auch die zweite These stützen.

Beispiele für derartige, vermeidbare Schäden gibt es genügend. Da sind die Abdrücke der kontaminierten Einsatzstiefel im nicht vom Brand betroffenen Bereich und die Blumentöpfe, die beim überhasteten Öffnen der Fenster zu Boden fielen, weil sich niemand die Zeit nahm, sie zur Seite zu räumen. Da sind aber auch Millionen- und sogar Personenschäden, die vermeidbar gewesen wären.

Bild 3: ***Abdrücke von kontaminierten Einsatzstiefeln jenseits der Schwarz/Weiß-Grenze lassen sich nicht immer vermeiden, sollten in manchen Fällen aber zum Nachdenken anregen.***

Es wird uns nie gelingen, fehlerfrei zu arbeiten, perfekt zu werden. Wir müssen jedoch unsere Fehler erkennen und sie uns bewusst machen. Wir müssen nach den Ursachen der Fehler suchen und konsequent an der künftigen Vermeidung dieser Fehler arbeiten (Qualitätsmanagement). Die häufig gebrauchten Argumente wie »das haben wir immer schon so gemacht« beziehungsweise »das haben wir noch nie so gemacht« helfen uns dabei nicht weiter.

Während die oben genannten Beispiele durch Übereifer, Hektik, Stress usw. noch »begründbar« sind, gibt es leider gelegentlich auch Schäden, die sich so jedoch nicht mehr erklären lassen. So wurden dem Autor von Sachverständigen mehrere Fälle vorgetragen, in denen Feuerwehrangehörige mehrere Zimmertüren in Wohnungen bzw. Häusern eingetreten hatten, die gar nicht abgeschlossen waren. Derartige Schäden lassen sich in keinem Fall entschuldigen und können nach Auffassung des Autors auch nicht mehr als fahrlässig eingestuft werden. Bei derartigen Fällen handelt es sich um vorsätzliche Sachbeschädigung. Die Feuerwehren sind gut beraten, sich rechtzeitig von solchen Mitgliedern zu trennen. Sie schaden unserem Ansehen und sind vermutlich auch nicht mit dem in diesem Buch formulierten Appell zum

Umdenken zu erreichen. Es ist der Bevölkerung nicht zuzumuten, wenn Menschen mit einer solchen Einstellung gegenüber fremden Eigentums sich – »gewissermaßen als Feuerwehrangehörige getarnt« – an Einsatzstellen abreagieren.

1.3.2 Zwei Beispiele zur Verdeutlichung:

Beispiel 1: Aus dem gewerblichen Bereich

Vor Jahren wurde ein Gebäude errichtet. Auf Empfehlung der Feuerwehr wurde der Einbau einer Rauchschutztür gefordert. Der Betrieb setzte die Forderung um. Nachdem bei Brandverhütungsschauen mehrmals bemängelt wurde, dass diese Tür mit Keilen unbrauchbar gemacht worden war, nahm sich der Brandschutzbeauftragte des Betriebes der Sache an. Tatsächlich gelang es ihm, die Unsitte mit den Holzkeilen abzustellen. Nachdem die Tür jahrelang korrekt und völlig nutzlos ihren Dienst versehen hat, bricht eines Nachts ein Feuer aus. Endlich kann die Tür ihre Funktionsfähigkeit unter Beweis stellen ...
... bis zum Eintreffen der Feuerwehr.

Immer wieder öffnen Feuerwehrangehörige, im Bemühen zum Brandherd zu gelangen, Türen. Sie machen dabei auch nicht vor Rauchschutztüren halt. Um ein ungehindertes Vorgehen auch mit der Angriffsleitung zu ermöglichen, keilen die Feuerwehrangehörigen diese Türen häufig auf.

Während wir im Normalzustand (kein Brand im Gebäude) eines Hauses – wenn die Türen eigentlich nicht gebraucht werden – diese Keile entfernen, scheuen wir nicht davor zurück, gerade solche Keile auch bei Rauchschutztüren einzusetzen, um im Ausnahmezustand Brandfall – wenn die Türen gebraucht werden – diese wichtigen Einrichtungen des Vorbeugenden baulichen Brandschutzes außer Betrieb zu nehmen.

Es gibt immer wieder Türen, die geöffnet und offengehalten werden müssen. Für diesen Zweck führen einige Feuerwehrangehörige Keile an ihren Helmen mit (▶ Bild 4). Diese Keile haben sich bereits vielfach bewährt und werden es auch künftig tun. Allerdings muss man von den vorgehenden Feuerwehrangehörigen verlangen können, dass sie sich sehr gut überlegen, wann welche Tür aufgekeilt werden kann und wann der Einsatz dieser Keile als völlig absurd und kontraproduktiv einzustufen ist.

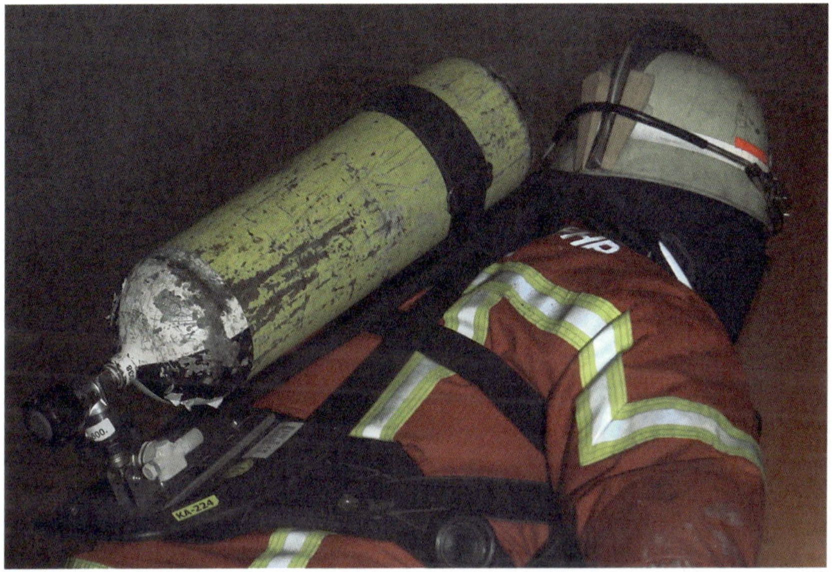

Bild 4: ***Der Holzkeil am Helm kann zielführend sein, sofern er mit Verstand eingesetzt wird.***

Beispiel 2: Aus dem privaten Bereich

Im Keller eines Wohnhauses ist ein Feuer ausgebrochen. Die feuerhemmende Kellerabschlusstür ist geschlossen, der Treppenraum rauchfrei (▶ Bild 5). Die Erkundung des Einsatzleiters ergibt, dass sich keine Personen im Keller aufhalten. Auch sonst ist niemand in Gefahr.

Als der Angriffstrupp die Tür zum Kellerabgang öffnet, dringt dichter schwarzer Rauch in den Treppenraum. Einer Mutter, die sich mit ihren Kindern über die Treppe in Sicherheit bringen wollte, gelingt gerade noch die Flucht.

Der Rauch zieht unter anderem durch eine Wohnung ab, deren Bewohner auf der Flucht die Wohnungsabschlusstür nicht geschlossen hatten.

Die Situation eskaliert. Personen, die sich soeben noch sicher fühlten, machen sich angesichts des stark verrauchten Treppenraumes lautstark an den Fenstern bemerkbar …

Bild 5: ***Treppenräume und Flure sind die Standard-Angriffswege der Feuerwehr. Es sind aber auch die baulichen Rettungswege für die Nutzer des Hauses und gleichzeitig die Zugänge, über die diese nach dem Brand wieder zu ihren Nutzungseinheiten gelangen sollen. Es gilt daher, Treppenräume und Flure auch im Zuge der Einsatzmaßnahmen nach Möglichkeit nicht zu verrauchen und/oder zu verschmutzen.***

1.4 Die Frage nach unseren Zielen

»Wer nicht weiß, wohin er will, darf sich nicht wundern, wenn er woanders ankommt.«
Mark Twain

Wir leben in einer zielorientierten Gesellschaft. Eine effektive Arbeit setzt eine klare Zielsetzung zwingend voraus. Einzig an den gesteckten Zielen müssen sich alle Maßnahmen orientieren, einzig an diesen Zielen kann der Erfolg gemessen werden. Sind wir uns unserer Ziele überhaupt bewusst? Was wollen wir eigentlich erreichen, wenn wir alarmiert werden? Warum rücken wir überhaupt aus?

Ist unser Ziel bei Brandeinsätzen

- die Rettung von Menschen und Tieren und die Brandbekämpfung?

oder ist es

- die Vermeidung beziehungsweise Minimierung von Schäden jeglicher Art?

Unsere Aufgaben und damit unsere Ziele sind im jeweiligen Feuerwehrgesetz definiert. So findet sich zum Beispiel im Feuerwehrgesetz für Baden-Württemberg in Paragraf 2 Absatz 1 folgende Formulierung:

»Die Feuerwehr hat bei Schadenfeuer (Bränden) und öffentlichen Notständen Hilfe zu leisten und den Einzelnen und das Gemeinwesen vor hierbei drohenden Gefahren zu schützen [...]«

Im Kommentar von Surwald[1] zum Feuerwehrgesetz wird der Begriff »Gefahr« wie folgt interpretiert:

»Unter Gefahr ist eine Sachlage zu verstehen, die nach allgemeiner Erfahrung die Wahrscheinlichkeit eines Schadeneintritts in sich birgt.«

Im Zusammenhang betrachtet bedeutet dies, dass jede Sachlage bei Bränden oder sonstigen Feuerwehreinsätzen, die nach unserer Erfahrung mit einer vernünftigen Wahrscheinlichkeit zu einem Schaden führen kann, eine Gefahr darstellt, vor der der Einzelne und das Gemeinwesen zu schützen sind.
Weiter heißt es im Kommentar:

»Das Gesetz sagt nicht ausdrücklich, welche Hilfe und welchen Schutz die Feuerwehr leisten beziehungsweise gewähren muss.«

Unser Ziel ist somit die Minimierung beziehungsweise Vermeidung von Schäden jeglicher Art (hierzu kann u. a. die Rettung von Menschen und Tieren und die Brandbekämpfung gehören).

Konkret bedeutet dieses vom Gesetzgeber formulierte Ziel, dass

1. die Tatsache, dass alle Menschen und Tiere gerettet werden konnten und das Feuer gelöscht wurde, noch lange nicht bedeutet, dass wir unseren gesetzlichen Auftrag in vollem Umfang erfüllt und effektiv gearbeitet haben. Demzufolge kann auch die Aussage »Wir haben bisher jedes Feuer aus bekommen!« kein Qualitätsmerkmal für die moderne Feuerwehr sein (das Feuer wäre ohnehin irgendwann ausgegangen).

1 Surwald, W.: Feuerwehrgesetz Baden-Württemberg, 7. Auflage, Richard Boorberg Verlag.

2. es keinesfalls unsere Pflicht ist, einen Brand zu löschen. Wir sind unter bestimmten Voraussetzungen berechtigt und sogar verpflichtet, ein Schadenfeuer brennen zu lassen, wenn dadurch Schäden vermieden werden können.[2]

Nebenbei bemerkt stellt sich die Frage, ob unsere Befehlsgebung nicht irreführend, vielleicht sogar falsch ist. Wir reden von der Rettung von Menschen, Tieren und Sachwerten. Wir befehlen aber die Menschen- oder Tierrettung und die Brandbekämpfung. Konsequent und auch stärker an der gesetzlichen Vorgabe orientiert wäre es, den Befehl zum Sachschutz oder zur Rettung von Sachwerten zu geben, anstatt mit dem Begriff »Brandbekämpfung« eine konkrete Maßnahme scheinbar vorzugeben. Damit würde für den Befehlsempfänger deutlicher, dass es nicht darum geht, den Brand zu bekämpfen, sondern vielmehr der Schutz der Werte im Zentrum der Überlegung stehen muss, und dass es uns im Einzelfall überlassen bleibt, die beste Möglichkeit der Gefahrenabwehr auszuwählen.

Ist die Einsatztaktik, die Vorgehensweise nicht an den gesetzlich formulierten Zielen orientiert, sind vermeidbare Schäden vorprogrammiert. Unter Umständen kann es hierdurch zu Haftungsansprüchen kommen. Diese richten sich nach Artikel 34 GG grundsätzlich gegen den Dienstherrn:

»Verletzt jemand in Ausübung eines ihm anvertrauten öffentlichen Amtes die ihm einem Dritten gegenüber obliegende Amtspflicht, so trifft die Verantwortlichkeit grundsätzlich den Staat oder die Körperschaft, in deren Dienst er steht.«

Tatsächlich ist jedoch auch Rückgriff auf den verantwortlichen Feuerwehrangehörigen selbst möglich. Diese Möglichkeit des Rückgriffs findet sich ebenfalls in Artikel 34 GG:

»Bei Vorsatz oder grober Fahrlässigkeit bleibt der Rückgriff vorbehalten.«

Auch wenn die Möglichkeit des Rückgriffs grundsätzlich bei jedem Feuerwehrangehörigen möglich ist, so kommen bei Beamten und ehrenamtlichen Angehörigen doch unterschiedliche Rechtsgrundlagen zur Anwendung.

---

2 Siehe hierzu auch: Heidenreich, S.: Löschen oder brennen lassen? Manchmal ein Problem, Beispiele für einen kontrollierten Abbrand, BRANDSchutz/Deutsche Feuerwehr-Zeitung, 8/2001, S. 714–715.

Für Beamte gilt dabei Paragraf 839 BGB, in Verbindung mit dem jeweiligen Landesbeamtengesetz (zum Beispiel Paragraf 84 in Nordrhein-Westfalen beziehungsweise Paragraf 96 in Baden-Württemberg).

Paragraf 839 BGB – Haftung bei Amtspflichtverletzung:

»Verletzt ein Beamter vorsätzlich oder fahrlässig die ihm einem Dritten gegenüber obliegende Amtspflicht, so hat er dem Dritten den daraus entstandenen Schaden zu ersetzen.«

Paragraf 84 Landesbeamtengesetz Nordrhein-Westfalen – Haftung:

»Verletzt ein Beamter vorsätzlich oder grob fahrlässig die ihm obliegenden Pflichten, so hat er dem Dienstherrn, dessen Aufgabe er wahrgenommen hat, den daraus entstehenden Schaden zu ersetzen.«

Dass auch die ehrenamtliche Tätigkeit in der Feuerwehr kein Freibrief für eine unnötige, im Extremfall sogar vorsätzliche Sachbeschädigung sein kann, geht zum Beispiel für Nordrhein-Westfalen aus Paragraf 12 (Ehrenamtliche Angehörige der Feuerwehr) Absatz 8 des Feuerschutz- und Hilfeleistungsgesetzes Nordrhein-Westfalen hervor:

»Verletzen ehrenamtliche Angehörige der Feuerwehr in Ausübung ihres Dienstes in der Feuerwehr vorsätzlich oder grob fahrlässig ihre Pflichten, so können die Gemeinden Ersatz für den dadurch verursachten Schaden verlangen.«

Natürlich wird man bei allen Feuerwehrangehörigen bei der Beurteilung der Sachlage zugrunde legen müssen, wie sich die Einsatzsituation im Moment der Entscheidungsfindung für den Einsatzleiter darstellte (post-ante-Betrachtung). Wenn er die Sachlage nicht richtig einschätzen konnte, kann ihm daraus kein Vorwurf gemacht werden.

Beispiel:

In jüngster Vergangenheit mehren sich Fälle, bei denen die Sinnhaftigkeit bei der Verwendung von Schaum als Löschmittel hinterfragt und von den Kommunen Kostenersatz für entstandene Umweltschäden verlangt wird. Gerade beim Einsatz von fluortensidhaltigen Schaummitteln können sich dabei erhebliche Beträge ergeben, wenn die Notwendigkeit der Verwendung derartiger Löschmittel nicht hinreichend begründet werden kann.

Bild 6: ***Der Einsatz von Sonderlöschmitteln ist unter dem Gesichtspunkt des Umweltschutzes zu bewerten und im Einzelfall auf seine Sinnhaftigkeit zu überprüfen.***

Unabhängig von Paragrafen in diversen Gesetzen gilt bei allen unseren Tätigkeiten der **Grundsatz der Verhältnismäßigkeit**.

Alle Maßnahmen, die unverhältnismäßig sind, haben zu unterbleiben. Es ist nicht fair gegenüber den Betroffenen und auch mit unseren Zielen absolut nicht in Einklang zu bringen, wenn wir billigend in Kauf nehmen, dass Dinge sinnlos zerstört werden, die nicht zerstört werden mussten. Dies muss bei allen unseren Tätigkeiten selbstverständlich sein.

Diskussion am Rande eines Vortrages zum Thema dieses Buches:
Ein Zuhörer erklärt, dass er die Überlegung grundsätzlich interessant findet. Ergänzend gibt er jedoch an, dass er schon häufiger im Zuge von Lüftungsmaßnahmen Fenster ohne Rücksicht auf Blumentöpfe und sonstige Gegenstände auf der Fens-

terbank geöffnet hat (▶ Seite 14) und dies auch weiterhin tun wird. Er vertritt die Meinung, alles andere sei nicht angemessen und seines Erachtens einer Feuerwehr auch bei nicht zeitkritischen Einsätzen nicht zuzumuten. Man habe schließlich Wichtigeres zu tun. Auf die Gegenfrage des Autors, ob er diese Ansicht auch vertreten würde, wenn es die eigene Wohnung oder die der eigenen Mutter wäre, kommt der kritische (und ehrliche) Zuhörer ins Grübeln. Nach kurzem Überlegen gesteht er ein, sich selbst oder seiner Mutter diesen unnötigen Schaden nicht zumuten zu wollen. Dort würde er die Fensterbank abräumen.

Benehmen wir uns in fremden Wohnungen doch einfach so, als wäre es unsere eigene Wohnung – oder die unserer Mutter.

Bild 7: ***Die Wohnung ist der Lebensmittelpunkt. Sie ist durch den Artikel 13 im Grundgesetzt besonders geschützt. Diesen besonders geschützten Lebensmittelpunkt als solchen zu verstehen und ganz oder in Teilen bewohnbar zu halten, muss wesentliches Ziel unseres Einsatzes sein.***

2 Beurteilung von Schäden

2.1 Schäden bei Brandeinsätzen

Brände können Personen-, Sach- und Umweltschäden nach sich ziehen. An dieser Stelle sollen zunächst nur die Sachschäden betrachtet werden, auf die Bewertung von Personenschäden wird später noch eingegangen.

Um unser Ziel, Sachschäden zu reduzieren, erreichen zu können, müssen wir uns zunächst über die Zusammensetzung von Sachschäden bei Bränden Gedanken machen. Brandschäden setzen sich aus mehreren Parametern zusammen (▶ Bilder 8a–c). Schon während der Einsatzplanung muss der Einsatzleiter versuchen, die einzelnen Parameter grob abzuschätzen und den zu erwartenden Gesamtschaden zu bilanzieren. Die isolierte Betrachtung nur eines einzelnen Parameters kann zu einer vermeidbaren Verschlechterung der Schadenbilanz führen. Ein Brandschaden setzt sich wie folgt zusammen:

Schäden durch unmittelbare Brandeinwirkung
+ Löschwasserschäden
+ **Rauchschäden**
+ **Sanierungs- und Entsorgungskosten**
+ **Ausfallzeiten**
+ ökologische und ideelle Schäden,
+ Imageverluste usw.

= **Gesamtschaden**

Die Parameter »Rauchschäden«, »Sanierungs- und Entsorgungskosten« und »Ausfallzeiten« sind fett gedruckt. Dies hat zwei Gründe:

1. Es sind diese Parameter, die zunehmend negativen Einfluss auf die Schadenbilanzen nach Bränden haben. Sie machen oft den größten Anteil des Schadens aus, mit steigender Tendenz.
2. Gleichzeitig sind es die Parameter, die in unseren taktischen Überlegungen häufig eine eher untergeordnete Rolle spielen. Wir konzentrieren uns vornehmlich auf die Brandbekämpfung, versuchen an das Feuer heranzukommen, es zu löschen. Es ist ein Erfolg des Umdenkens in den vergangenen Jahren, dass wir zumindest bemüht sind, Wasserschäden zu vermeiden.

Bezeichnend ist in diesem Zusammenhang die Äußerung einer Feuerwehrführungskraft, als sie erstmals mit der hier vorgestellten Überlegung konfrontiert wurde. Spontan äußerte sie eine Meinung, die vermutlich von vielen Kollegen/innen und Kameraden/innen mitgetragen wird, als sie sagte:

»Sollen wir jetzt auch noch auf Rauchschäden achten?«

Betrachtet man beispielhaft den Brand in der Fachhochschule in Karlsruhe, so wurde der reine Brandschaden auf etwa 250 000 Euro, der Gesamtschaden jedoch auf 5 Millionen Euro geschätzt. Die obige Frage könnte man mathematisch demnach auch wie folgt formulieren:

»Sollen wir uns auch noch um 95 Prozent des Problems kümmern?«

Bilder 8a–c: ***Schäden bei Bränden entstehen auf unterschiedliche Art. Neben thermischen Schäden durch die unmittelbare Brandeinwirkung, sind Schäden durch das Löschwasser und insbesondere auch durch den Brandrauch zu betrachten.***

Die Antwort auf diese Frage kann sich der Leser selbst geben. Wir dürfen die Rauchschäden in unserer Lagebeurteilung nicht unbeachtet lassen, sie gehören mit in das Zentrum unserer taktischen Überlegungen.

Vielleicht ist es für jeden Feuerwehrangehörigen, insbesondere für Führungskräfte, empfehlenswert, nach einigen Tagen oder Wochen die Brandgeschädigten aufzusuchen, um ein Gespür dafür zu entwickeln, welche Auswirkungen ein Schadenfeuer auf eine Familie, eine Hausgemeinschaft oder eine Firma hat. Bei solchen Besuchen erfährt man von den Problemen, die ein Brand hervorrufen kann, der in unserer Statistik vielleicht nur als »Kleinbrand a« oder »b« erscheint. Indem wir uns mit solchen Themen, die bis hin zu psychischen Problemen reichen, auseinander-

Bild 9: ***Die Schäden durch Kontamination mit Ruß und den daran anheftenden Schadstoffen machen in vielen Fällen den größten Teil des Schadens aus. Daher muss die Vermeidung der Rauchausbreitung in bis dahin rauchfreie Bereiche, auch unter dem Aspekt der Vermeidung von Sachschäden bei der Einsatzabwicklung, einen hohen Stellenwert einnehmen. (Bildquelle: Fa. Belfor Deutschland GmbH.)***

setzen, lernen wir, den Stellenwert unserer Arbeit besser einzuschätzen. Dies muss zwangsläufig zu einer Sensibilisierung im Umgang mit fremdem Eigentum führen.

Um die Bedeutung der Parameter »Sanierungs- und Entsorgungskosten« und »Ausfallzeiten« zu veranschaulichen, soll auf diese Punkte, die in der Betrachtungsweise eines Einsatzleiters kaum Beachtung finden, besonders eingegangen werden.

2.1.1 Sanierungs- und Entsorgungskosten

Die Bedeutung der Brandschadensanierung hat in den vergangenen Jahren erheblich zugenommen (▶ Bild 10). Man hat ein mögliches Gefährdungspotenzial an kalten Brandstellen erkannt, wodurch bei gleichzeitig extrem zunehmendem Umwelt- und Gesundheitsbewusstsein der Bevölkerung der Bedarf für umfangreiche Sanierungsmaßnahmen sprunghaft angestiegen ist. Die Zeiten, in denen die Hausbewohner in einer gemeinsamen Aktion mit warmer Seifenlösung den Treppenraum dekontaminiert haben, sind längst vorbei.

Ein weiterer Aspekt, der im Zusammenhang mit Sanierungskosten zu nennen ist, ist die zunehmende Vorhaltung empfindlicher elektronischer Komponenten in fast allen Bereichen des täglichen Lebens. Diese Geräte können nicht einfach nur abgewaschen werden, sie müssen einer aufwändigen und kostenintensiven Sanierungsmaßnahme unterzogen werden. Gelingt eine Sanierung nicht, so fallen außer den Wiederbeschaffungskosten auch noch Entsorgungskosten an.

Die Entsorgungskosten nehmen ebenfalls stetig zu. Die Verknappung von Deponiekapazitäten und der Zwang zur Abfalltrennung und Wiederverwertung sorgen für ungeheure und für Außenstehende nahezu unvorstellbare Entsorgungskosten. Insbesondere wenn es nicht gelingt, Abfälle systematisch zu trennen, können Kosten entstehen, die auch den von der Versicherung abgedeckten Betrag von 3 % der Versicherungssumme übersteigen können. So kostete beispielsweise die Entsorgung des Brandschutts nach einem Scheunenbrand mehr als 200 000 Euro, weil asbesthaltige Bruchstücke der Dacheindeckung nicht vom übrigen Brandschutt getrennt wurden.[3]

3 Raab, W.: Die Entwicklung der Brandschuttentsorgung – werden die Kosten weiter steigen?, Schadenprisma, 2/1998, S. 4–7, hier S. 4.

Bild 10: ***Aufwendige Sanierungen kosten Zeit und Geld. Bei ideellen Werten, hochwertigen Maschinen und Werkzeugen ist sie oftmals alternativlos, da Ersatzbeschaffungen nicht möglich, zu teuer oder zu langwierig sind (Foto: Fa. Belfor Deutschland GmbH).***

2.1.2 Ausfallzeiten

Ausfallzeiten im privaten Bereich:

Sanierung nach Bränden ist heute nicht mehr mit einem einfachen Abwaschen von Wänden und Einrichtungsgegenständen gleichzusetzen. Häufig werden aufwändige Maßnahmen durchgeführt, die auch sehr zeitraubend sind. Während der Sanierungsmaßnahmen sind die zu sanierenden Objekte häufig nicht bewohnbar. Dadurch kommt es zu Ausfallzeiten, zu Verlusten in der Lebensqualität für die Betroffenen, die nicht zu unterschätzen sind. In welchen Dimensionen sich diese »Ausfallzeiten« bewegen können, sei an zwei Beispielen aus Karlsruhe veranschaulicht:

- Durch vorsätzliche Brandstiftung gerät ein Keller in einem Mehrfamilienhaus in Brand. Das Feuer bleibt auf den Kellerraum beschränkt, es wird mit einem C-Rohr gelöscht. Allerdings werden der Treppenraum und einige Wohnungen durch Rauch in Mitleidenschaft gezogen. Selbst die Familien, deren Wohnungen nicht verraucht waren, können erst etwa zwei Monate nach dem Brand, nachdem die Sanierung des Treppenraumes abgeschlossen ist, wieder in ihre Wohnungen zurückkehren.

- Infolge eines technischen Defekts fangen im Keller eines Reihenendhauses ein Fernsehgerät, ein Videorekorder und einige Videokassetten Feuer. Der Rauch breitet sich bei geöffneten Türen im ganzen Haus aus. Das Feuer kann rasch mit einem C-Rohr unter Kontrolle gebracht werden. Es dauert allerdings etwa sechs Monate, bis die Hausbewohner ihr Haus wieder beziehen können.

Bild 11: ***Über den Treppenraum gelangen die Bewohner zu ihren Wohnungen. Ist der Treppenraum kontaminiert, sind die Wohnungen nicht mehr zu erreichen.***

Ausfallzeiten im gewerblichen Bereich:

Man stelle sich einen mittelständischen Betrieb vor, der Kupplungsteile für die Produktion des VW-Golf produziert. Durch einen Brand kommt es zu einer Betriebsunterbrechung von drei bis vier Wochen. Der Betriebsleiter informiert den VW-Konzern, dass sein Betrieb als Lieferant kurzfristig ausfällt.

Was zunächst harmlos klingt, kann den Kleinbetrieb auf lange Sicht in seiner Existenz gefährden. Da in unserer »Just-In-Time-Gesellschaft« die Lagerhaltung stark reduziert worden ist, ist VW auf die Lieferung der Teile angewiesen. Man kann nicht erwarten, dass der große Konzern aus Rücksicht auf den kleinen Lieferanten die Produktion vorübergehend einstellt. Vielmehr wird er nach einem neuen Lieferanten Ausschau halten und dabei sicherlich erfolgreich sein. Nur wenn es dem ursprünglichen Lieferanten gelingt, nach der Betriebsunterbrechung wieder mit dem Konzern ins Geschäft zu kommen, was eher unwahrscheinlich sein dürfte, ist der Zustand vor dem Brand in etwa wiederhergestellt. Gelingt es hingegen nicht, den Großkunden zurückzugewinnen, treten Verluste ein, die von keiner Versicherung gedeckt werden. Hinzu kommen unter Umständen Regressforderungen für Schäden, die durch den Lieferausfall entstanden sind.

Was dies bedeuten kann, zeigt eine Statistik, die für Produktionsbetriebe in den USA erfasst worden ist. Hier wurde, bezogen auf Produktionsbetriebe, die einen größeren Schaden hatten, festgestellt, dass

- 23 % wieder voll betriebsfähig werden,
- 6 % fusionieren oder verkauft werden,
- 28 % innerhalb von drei Jahren aus dem Geschäft verschwinden,
- 43 % den Betrieb nie wiederaufnehmen.

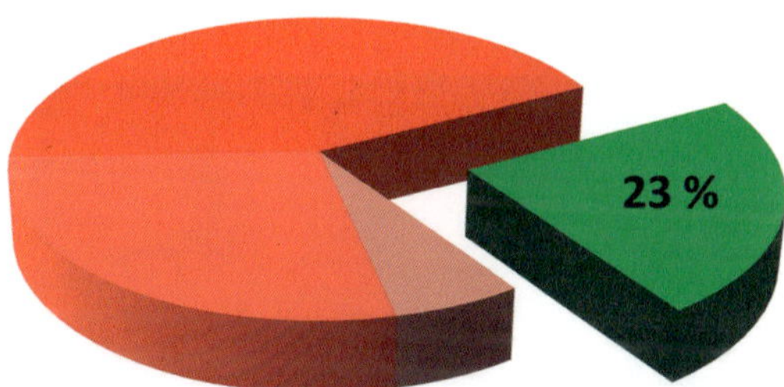

Bild 12: ***Nur 23 % der Betriebe überstehen gemäß dieser Statistik einen größeren Schaden langfristig.***

Auch wenn die Statistik aus den USA stammt, enthält sie wesentliche Aussagen, die mindestens tendenziell auf Deutschland übertragbar sind. Brände in gewerblichen Bereichen führen zu Betriebsunterbrechungen, die Geld kosten und Betriebe in ihrer Existenz gefährden. Eine Betriebsunterbrechung, die durch eine zielorientierte Vorgehensweise vermieden oder verkürzt werden kann, kann volkswirtschaftlich bedeutsam sein und zur Erhaltung von Arbeitsplätzen beitragen.

Bild 13: ***Schäden an Maschinen, Werkzeugen und Einrichtungen der Infrastruktur (Elektroverteilung, EDV usw.) führen zu Betriebsunterbrechungen, die den Betrieb in seiner Existenz gefährden können. Eine möglichst frühzeitige und enge Abstimmung von Feuerwehr und Betriebsleitung bei der Einsatzabwicklung kann hier helfen, Arbeitsplätze am Standort zu erhalten (Foto: Sprint Sanierung GmbH).***

Bild 14: ***Die nächste Ernte kommt bestimmt. Wenn dieser Großbetrieb bis dahin nicht wieder handlungsfähig ist, ist er verloren (Foto: Sprint Sanierung GmbH).***

Unser Ziel: Reduzierung des Gesamtschadens!

Wenn es der Gesamtbilanz dienlich ist, kann eine Schadenausweitung in Teilbereichen sinnvoll und sachdienlich sein. So kann der Einsatz als erfolgreich eingestuft werden, wenn die zielorientierte Taktik zu einem erhöhten Schaden durch unmittelbare Brandeinwirkung geführt hat, sofern hierdurch gleichzeitig andere Schäden – zum Beispiel Rauchschäden – in mindestens gleichem Wert verhindert oder eine Betriebsunterbrechung vermieden werden konnten.

Beispiel:

An eine Produktionshalle mit hochwertigen CNC-Maschinen grenzt ein Meisterbüro, in dem es zu einem Brand gekommen ist. Ein konsequenter Löschangriff könnte Teile des Büros retten. Allerdings würden dabei große Mengen Rauchgase in die Produktionshalle gelangen und die Funktionsfähigkeit der Maschinen gefährden. Hier kann es sinnvoll sein, das Büro länger brennen zu lassen, wenn dadurch die Maschinen geschützt werden und die Funktionsfähigkeit des Betriebes gewahrt bleibt. Für die Meister findet sich sicherlich eine Notunterkunft bis zum Abschluss der Sanierungsarbeiten ihres Büros.

Wir müssen bei unserer Einsatzabwicklung mögliche Folgeschäden berücksichtigen. Die von einer Führungskraft der Feuerwehr gemachte Aussage:

»Folgeschäden interessieren uns nicht«

ist weder zeitgemäß noch kundenorientiert und steht auch nicht in Einklang mit unseren gesetzlich formulierten Aufgaben.

Es macht sicherlich Sinn, sich selbst einmal zu fragen, was man sich vorrangig wünschen würde, wenn es in der eigenen Wohnung, beispielsweise in der Küche, zu einem Brand kommen sollte. Würden wir uns nicht wünschen, die Wohnung wenigstens in Teilen noch nutzen zu können? Würden wir nicht möglichst weitgehend unseren normalen Tagesablauf weiter leben wollen und nebenher die Schäden in der Küche beseitigen lassen? Was machen wir eigentlich mit dem Teil der Küche, den die Feuerwehr gerettet hat, indem sie – ohne auf mögliche Schäden im Wohnzimmer Rücksicht zu nehmen – zur Brandbekämpfung vorgegangen ist? Müssen wir den geretteten Teil unserer Küche womöglich auch entsorgen?

Bild 15: ***Eine derartige Maschine und die entsprechenden Werkzeuge kann man nicht »von der Stange« kaufen. Eine Beschädigung führt neben den Kosten für Sanierung oder Wiederbeschaffung in jedem Fall zu einem Ausfall, der für das Unternehmen existenzbedrohend sein kann.***

Würden wir uns als Gewerbetreibender nicht wünschen, dass unser Betrieb sofort nach dem Brand möglichst normal laufen kann, dass die Mitarbeiter ihrer normalen Arbeit nachgehen können und die Kunden keinerlei Einschränkungen als Folge der Ereignisse hinnehmen müssen? Wir übernehmen im Einsatzfall die Verantwortung für das Brandobjekt. Dieser Tatsache müssen wir uns bewusst sein und die Firma so behandeln, als sei sie unser eigenes Gut. Wir müssen versuchen, im Sinne des Kunden zu denken und seine Ziele zu unseren machen. Wir rücken nicht aus, um Feuer zu löschen, sondern um Wohnungen zu erhalten, Existenzen zu sichern, Arbeitsplätze und gesellschaftliche Strukturen in unserer Gemeinde zu erhalten (▶ Bild 17).

Bild 16: *Das Feuer hat uns keine Zeit gelassen. Nur durch den sofortigen Angriff konnte diese Küche in Teilen »gerettet« werden – wie toll! Was der Besitzer wohl damit machen wird?*

Selbstverwirklichung
(Individualität, Talententfaltung…)

Soziale Anerkennung
(Status, Wohlstand, Geld, Macht…)

Soziale Beziehungen
(Freunde, Partner, Liebe…)

Sicherheit
(Wohnung, Arbeitsplatz, Gesundheit, Gesetze…)

Körperliche Bedürfnisse
(Atmung, Nahrung, Schlaf…)

Bild 17: *Die Maslow'sche Bedürfnispyramide veranschaulicht die große Bedeutung der Sicherheit für unser Wohlbefinden. Die Wohnung ist ein Teil dieses Grundbedürfnisses, ist ein Teil der Lebensqualität. Eine Wohnung, das Zuhause eines Menschen, zu erhalten, ist wesentlich mehr wert als der Erhalt einer Sache.*

Kundenorientiertes Handeln bedeutet in diesem Zusammenhang, den Ausfallzeiten ein hohes Maß an Aufmerksamkeit zu widmen und die Funktionalitäten von Wohnungen, Betrieben, Einrichtungen und der Infrastruktur schon bei der Planung des Einsatzes zu beachten.

Wenn es uns gelingt, dieser Verantwortung gerecht zu werden und dies auch der Politik bewusst zu machen, können wir unsere Position in den verantwortlichen Gremien vielleicht stärken. Sicherheit muss als Teil der Lebensqualität verstanden werden und gewinnt als Standortfaktor im gewerblichen Bereich zunehmend an Bedeutung. Eine gut ausgebildete und ausgestattete Feuerwehr kann hieran einen wesentlichen Anteil haben und damit zu einem Teil der Marketingstrategie einer Kommune werden.

Die leistungsfähige Feuerwehr als Standortvorteil der Gemeinde vermitteln.

2.2 Bilanzierung an der Brandstelle

Nehmen wir an, als verantwortliche Führungskraft haben wir zwei Möglichkeiten erkannt, die sich unterschiedlich auf das Einsatzgeschehen auswirken können. *Variante 1* entspricht dem konventionellen Angriff. Wir machen es so, wie wir es immer gemacht haben. Diese Variante ermöglicht uns den schnellsten Löscherfolg und ist damit naheliegend. *Variante 2* hingegen erfordert einen etwas größeren Zeitaufwand. Der Angriff auf das Feuer wird bei dieser alternativen Variante verzögert, der Löscherfolg stellt sich erst später ein. Wir stehen nun vor der Frage, welche Variante die bessere ist und wollen versuchen, anhand einer einfachen mathematischen Betrachtung eine Bilanz zu erstellen.

Zunächst müssen wir versuchen, *drei Werte* abzuschätzen. Dabei kommt es nicht darauf an, präzise Zahlenwerte zu erhalten, es gilt lediglich, Größenordnungen zu bestimmen. Wir müssen abschätzen:

Wert 1: Wie viel Zeit geht verloren, wenn wir gemäß der alternativen *Variante 2* vorgehen? (ZV_a: Zeitverlust durch Alternative)

Wert 2: Welche Geldwerte werden pro Zeiteinheit in der vorgefundenen Situation vernichtet? (W)

Wert 3: Welche Werte gehen bei der Vorgehensweise nach *Variante 1* verloren, die bei Vorgehensweise nach *Variante 2* zu retten gewesen wären? (S_K: Schaden durch konventionelle Vorgehensweise)

Setzen wir nun das Produkt aus Zeitverlust durch alternativen Angriff (ZV_a) und Wertverlust pro Zeiteinheit (W) ins Verhältnis zu den vermeidbaren Schäden, die beim Vorgehen nach der konventionellen *Variante 1* zu erwarten sind (S_k), so erhalten wir entweder:

$$ZV_a \cdot W > S_k$$

und entschließen uns für den **konventionellen Angriff**
oder

$$ZV_a \cdot W < S_k$$

und wählen den zeitaufwändigeren **alternativen Angriff**.

> **Beispiel:**
>
> Der alternative Angriff nimmt etwa vier Minuten mehr in Anspruch. Der Wertverlust pro Zeiteinheit wird auf etwa 500 Euro/Minute geschätzt.
> Die zu erwartenden Schäden bei einem konventionell durchgeführten Angriff schätzen wir auf etwa 25 000 Euro.
> Aus der Berechnung:
> wirtschaftliche Verluste aufgrund der verzögerten Vorgehensweise:
> 4 Minuten × 500 Euro/Minute = 2 000 Euro
> vermiedener Schaden durch den umsichtigen, wenn auch verzögerten Angriff: 25 000 Euro
> ergibt sich als Fazit ein Gewinn von 23 000 Euro

Auch wenn es in vielen Fällen nicht einfach ist, diese Abschätzungen zu machen, so sollten wir es immer wieder versuchen. Im Zweifelsfall macht es sicherlich Sinn, den konventionellen Weg zu gehen. Wann immer jedoch das Ergebnis der Ungleichung mit hinreichender Sicherheit zugunsten der Variante 2 spricht, so sollten wir diese alternative Variante fahren.

Auch wenn es zunächst abwegig klingt, an Einsatzstellen Berechnungen anstellen zu müssen, so macht es doch Sinn. Natürlich geht es dabei nicht darum, Werte im Detail zu erfassen und eine präzise Bilanz zu erstellen. Vielmehr geht es um eine grobe Abschätzung aufgrund von Erfahrungswerten oder aufgrund von Informationen, die uns von den Betroffenen zur Verfügung gestellt werden. Relativ einfach ist eine solche Berechnung, wenn es in einem Teilbereich zu einem Totalverlust gekommen ist. In diesem Fall ist in diesem Bereich mit keinem weiteren Anstieg der wirtschaftlichen Schäden zu rechnen. Fachleute gehen davon aus, dass der Totalverlust in einem Bereich eingetreten ist, wenn dort der Flash-over stattgefunden hat.

Bevor es zur Durchzündung gekommen ist, geht man umgekehrt davon aus, dass unter Umständen noch Werte in dem entsprechenden Bereich zu retten sind. Auch wenn die Wahrscheinlichkeit, noch Werte retten zu können, mit zunehmender Branddauer in dem vom Brand betroffenen Bereich rasant sinkt, so besteht dennoch die Chance, Werte in Teilen erhalten zu können. Der in diesem Fall noch zu rettende Wert kann demnach nicht einfach gleich Null gesetzt werden. Trotzdem kann auch in diesen Fällen oftmals auf eine detaillierte Berechnung verzichtet werden, da die Fakten bei entsprechender Betrachtung offenkundig sind. Dies soll anhand des folgenden Beispiels gezeigt werden.

Beispiel: Brand im OP-Bereich

Im OP-Trakt eines Krankenhauses ist ein Feuer ausgebrochen. Betroffen ist das Aufenthaltszimmer der OP-Pfleger/innen (▶ Bild 18). Kurz nach deren Pause ist der Brand ausgebrochen. Alle Personen haben den Raum verlassen, die genaue Lage im Raum in Bezug auf das Feuer ist unklar, die Tür ist geschlossen und lässt keinen Rauch entweichen.

Der Einsatzleiter setzt den Wert des Zimmers mit 100 000 Euro bewusst sehr hoch an. Selbst wenn es möglich wäre, den Raum völlig unversehrt zu erhalten (obwohl es dort seit einigen Minuten brennt) und damit 100 000 Euro zu retten, wird die Bilanz nicht gut ausfallen, wenn auch nur ein einziger OP bei dieser Maßnahme kontaminiert werden sollte.

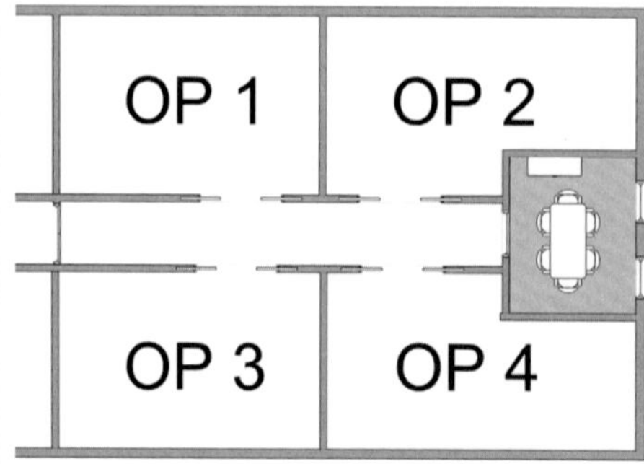

Bild 18: ***Lageplan des OP-Traktes***

Neben dem dort zu erwartenden wirtschaftlichen Schaden, der sicherlich deutlich über 100 000 Euro liegen dürfte, ist auch die Funktionalität der Klinik zu beachten. Ein Ausfall des Aufenthaltszimmers ist für die Mitarbeiter zwar ärgerlich, für die Klinik jedoch kein nennenswertes Problem. Wie aber gestaltet sich die Lage für die

> Klinik und die gesamte Region, wenn im Bemühen, das Aufenthaltszimmer zu retten, einer oder mehrere Operationssäle für Tage, Wochen oder gar Monate unbrauchbar gemacht werden (ganz abgesehen von eventuell laufenden Operationen)?

Natürlich darf bei diesem Beispiel der OP-Trakt nicht alleine betrachtet werden, wenn er als Teil des Ganzen in das Klinikgebäude integriert ist. Ergibt die Erkundung beispielsweise, dass sich durch eine unsachgemäße Installation der Lüftungstechnik der Rauch in die Intensivstation im dritten Obergeschoss ausbreitet, so ist der Schutz der Operationssäle natürlich auch in Relation zur Gefahrenlage im dritten Obergeschoss zu sehen.

2.3 Business Continuity Management

Business Continuity Management oder betriebliches Kontinuitätsmanagement sind Begriffe aus der Wirtschaftslehre, die in unserer Zeit zunehmend an Bedeutung gewinnen. Immer mehr Firmen haben die Gefahr erkannt, durch Betriebsunterbrechungen Verluste zu erleiden oder gar ganz vom Markt zu verschwinden. In der Folge werden Konzepte, Planungen und Maßnahmen entwickelt, die der Aufrechterhaltung der betrieblichen Abläufe dienen. Neben der IT-Sicherheit bildet auch der Ausfall durch Brand und Katastrophen einen Schwerpunkt bei den Überlegungen. Viele Firmen haben Konzepte entwickelt, in denen die betrieblichen Abläufe auf Ausfallsicherheit und Sensibilität untersucht wurden. Es wurde ermittelt, welche Ausfälle besonders dramatische Auswirkungen erwarten lassen. Hierauf wurde das Sicherheitskonzept der Firma ausgerichtet.

Um den Firmen bei ihren Bemühungen optimal dienen zu können, kann es wichtig sein, diese Konzepte zu kennen und in die Einsatzplanung einfließen zu lassen. Wichtig ist auch, im Einsatzfall schnell eine Schnittstelle zur Firmenleitung aufzubauen, die mitunter stabsmäßig besetzt ist und Informationen liefern kann, die helfen, Schwerpunkte richtig zu setzen. Die Firma kann zudem Fachwissen, Ortskenntnisse und die notwendige Logistik bereitstellen, um das gemeinsame Interesse der Schadenbewältigung optimieren zu können.

Sofern die Firma eine solche Schnittstelle definiert hat, ist die Einsatzleitung sicherlich gut beraten, diese Schnittstelle (Person oder Team) in die Einsatzleitung – beispielsweise in Form eines Fachberaters – zu integrieren. Natürlich kann immer wieder der Eindruck entstehen, dass dieser Fachberater versucht, die Interessen der Firma in das Zentrum aller Überlegungen zu stellen. Regen wir uns deswegen nicht auf, die Interessen der Firma sind nämlich auch unsere Interessen. Wir sind hier, um unserem Kunden, in diesem Fall der Firma, optimal zu helfen.

Beispiel:

Ein bekannter Reifenhersteller verliert bei einem Großbrand in Philippsburg eine Produktionshalle. Die Feuerwehr ist mit einem Großaufgebot vor Ort und wird stabsmäßig geführt. Noch während die Nachlöscharbeiten laufen und zu diesem Zweck Gelenklöscharme und Wasserwerfer aus großer Entfernung herangeführt werden, fragt ein Mitarbeiter der Firma die Feuerwehr, ob diese in der Lage sei, Strom zur Verfügung zu stellen, um den Server der Firma wieder hochfahren zu können.

Bild 19: ***Noch während die Nachlöscharbeiten mit großem Aufwand laufen, fragt ein Techniker des Betriebes an, ob die Feuerwehr Strom für einen Server zur Verfügung stellen kann – hat der Mann keine anderen Sorgen?!***

Spontan wäre man sicherlich geneigt, den Mann zu fragen, ob er meint, dass wir nichts Wichtigeres zu tun haben. Schließlich brennt es noch an vielen Stellen und eine riesige Rauchwolke steht über der eingestürzten Halle. Denkt man jedoch ein wenig darüber nach, versetzt sich in die Lage der Firma und betrachtet das Problem ganzheitlich, so gelangt man möglicherweise zu der Erkenntnis, dass die Stromversorgung für den Server im Moment für den Fortbestand der Firma viel wichtiger als der Fortgang der Nachlöscharbeiten ist. Momentan ruht der gesamte Betrieb, obwohl nur ein Teil der Firma direkt vom Brand betroffen ist. Um diesen Zustand ändern zu können, muss der Server laufen, benötigt die Firma ein wenig Strom. Geben wir ihr den Strom, wir können es doch. 800 Arbeitsplätze (in einer Gemeinde mit 12 800 Einwohnern!) hängen in diesem Moment vielleicht davon ab, wie schnell es der Firma gelingt, Kunden wieder beliefern und die Produktion zumindest provisorisch wieder aufnehmen zu können. 800 Arbeitsplätze hängen vielleicht davon ab, ob der Mann seinen Strom bekommt oder nicht.

Anmerkung: Der Mann hat seinen Strom von der Feuerwehr bekommen. Die Firma hat überlebt – sicherlich nicht nur wegen des Stroms, vielleicht aber auch deswegen.

Die Feuerwehren sind gut beraten, im Rahmen ihrer Möglichkeiten den Firmen in ihrer Gemeinde und auch der eigenen Gemeinde selbst beim Aufbau eines solchen Managementsystems für den Schadenfall beratend zur Seite zu stehen.

2.4 Schutz von ideellen Werten und Kulturgütern

Der Brand der Anna Amalia Bibliothek in Weimar am 2. September 2004 hat das Bewusstsein zum Schutz von Kulturgütern erheblich verstärkt. Damals gingen wertvolle Bücher in Flammen auf, große Werte wurden durch Löschwasser vernichtet oder schwer beschädigt.

Um Kulturgüter schützen zu können, bedarf es einerseits wieder einem Bewusstsein für die Werte im Allgemeinen (▶ Bild 20). Darüber hinaus bedarf es häufig aber auch einem Fachwissen, welches in Feuerwehrkreisen nicht vorhanden ist. Ein Fachwissen, welches uns ermöglicht, besonders wertvolle und schützenswerte Objekte zu erhalten und Prioritäten richtig zu setzen. Um dieses Fachwissen schon in der Anfangsphase nutzen zu können, müssen im Vorfeld Planungen erstellt werden, die es auch einem Laien erlauben, beispielsweise wertvolle Gemälde von billigen Nachbildungen zu unterscheiden.

Grundsätzlich gilt aber, dass auch schon ein wenig Nachdenken helfen kann. Wenn es uns gelingt, Rauch nicht in Ausstellungsräume gelangen zu lassen oder Gegenstände mit Folien gegen von der Decke tropfendes Löschwasser zu schützen, so kann dies grundsätzlich nicht verkehrt sein. Wir praktizieren in diesem Fall

Bild 20: ***Brände in historischen Gebäuden – hier die Klosterkirche der Benediktinerabtei von Ottobeuren – stellen an die Einsatzkräfte besondere Anforderungen. Eine gute Vorplanung und eine Abstimmung der Maßnahmen mit den für das Kulturgut Verantwortlichen sind notwendig, um im Einsatzfall die Schwerpunkte richtig zu setzen.***

Kulturgutschutz ohne uns über die Werte der einzelnen Bilder und Ausstellungsstücke Gedanken machen zu müssen.

In Kirchen und Museen steht grundsätzlich alles unter Verdacht, in irgendeiner Weise wertvoll zu sein. Auch die Gebäude an sich, die häufig Wahrzeichen von Städten sind, können einen unermesslichen ideellen Wert darstellen. Dies wurde beispielsweise beim Brand von Notre Dame erkennbar, der neben immensen materiellen Schäden in der ganzen Welt und insbesondere in Frankreich starke Emotionen auslöste. Aber auch in Wohnungen findet sich eine ganze Reihe von Dingen, die für die Besitzer einen Wert darstellen, der mit Geld nicht zu fassen ist. Hierzu gehören beispielsweise Fotosammlungen, Erinnerungs- und Sammlerstücke, aber auch Dokumente, Zeugnisse und Urkunden und in zunehmendem Maße auch Daten. Auch diese Werte sind für uns häufig mit ein wenig Verständnis für den Kunden erkennbar.

Bild 21: ***Dokumente und Unterlagen wie Zeugnisse, Bescheinigungen und wissenschaftliche Arbeiten sind in vielen Fällen deutlich mehr Wert, als das Papier, auf dem sie gedruckt sind. Im digitalen Zeitalter gilt dies natürlich in gleichem Maße für Daten aller Art, die auf elektronischen Medien gespeichert sind.***

Beispiel:

In einem durch einen Brand schwer beschädigten Wohnzimmer einer alten Dame liegt ein Bilderrahmen im Brandschutt. Er ist aus dem Schrank gefallen, das Glas ist gesprungen. Das Bild ist weitgehend erhalten und zeigt einen jungen Soldaten. Wer mag dieser Soldat wohl sein? Ihr Mann, ihre große Liebe oder vielleicht der Sohn, der nicht aus dem Krieg zurückgekehrt ist. Das Bild wird jedenfalls aufgehoben und der alten Dame übergeben. Ihr Gesichtsausdruck lässt die Bedeutung dieses Bildes für die Frau unschwer erkennen.

Bild 22: ***Bilder, Fotoalben und Filmaufnahmen stellen im privaten Bereich einen hohen ideellen Wert dar, den es zu erkennen und zu bewahren gilt.***

Beispiel:

Ein Sammler hat bei der Rückkehr in seine Wohnung fahrlässig einen Brand entfacht. Er wird von der Feuerwehr gerettet und findet sich mit einer Rauchvergiftung im Krankenhaus wieder. Seine Sammlung hat er »abgehakt«, da sich die Sammlerstücke alle im Umfeld der Brandstelle befanden und er sich gut vorstellen kann, wie es diesen Stücken – nicht zuletzt aufgrund des Einsatzes der Feuerwehr – ergangen ist.

Bei der Rückkehr in seine Wohnung erwartet ihn jedoch eine Überraschung. Irgendjemand hat offensichtlich die Bedeutung der Sammlerstücke erkannt und diese sorgfältig auf die Seite geräumt. Alle Teile der Sammlung haben das Ereignis weitgehend unbeschädigt überstanden. Der überraschte und begeisterte Kunde meldet sich umgehend bei »seiner Feuerwehr« und bedankt sich für deren umsichtigen Einsatz.

Bild 23: ***Auch Sammlerstücke, Modelle und Reiseerinnerungen gehören im privaten Bereich zu den Dingen, die unabhängig von ihrem materiellen Wert häufig besonderes schützenwert sind und unsere erhöhte Aufmerksamkeit verdienen. Die Aufnahme entstand bei einem »Echtdampf-Treffen« in der Messe Karlsruhe.***

2.5 Stress und Zeitdruck sind häufig vermeidbar

Wir stehen an der Einsatzstelle oftmals unter erheblichem Zeitdruck. Viele Eindrücke müssen in kurzer Zeit erfasst, beurteilt und gewichtet werden. Dieser Zeitdruck erzeugt Stress und hindert uns daran, unsere Vorgehensweise im Detail zu planen. Viele Entscheidungen werden spontan getroffen – obwohl wir es eigentlich anders gelernt haben.

Für wirtschaftliche Überlegungen, Bilanzierungen usw. scheint häufig keine Zeit gegeben zu sein.

In vielen Fällen lassen wir uns von unwichtigen Dingen und Fehleinschätzungen beeinflussen. Wir empfinden einen Zeitdruck, der bei sachlicher Betrachtungsweise gar nicht existent ist. Um wirtschaftliche Überlegungen anstellen zu können, müssen wir diesen Zeitdruck reduzieren, wann immer es möglich ist. In vielen Fällen kann dies dadurch erreicht werden, dass wir uns ein paar einfache Fragen stellen und diese sachlich und ohne Übertreibung beantworten. Stellen wir uns die Fragen:

2.5.1 Was ist bereits vernichtet?

In einem Zimmer, in dem der Brand einen gewissen Umfang erreicht hat, verliert das Inventar innerhalb kürzester Zeit seinen Wert. Alle Werte, die sich im Raum befanden, sind spätestens nach erfolgter Durchzündung unwiederbringlich verloren (▶ Bild 24). Wenn das Feuer sich nicht ausbreiten kann und auf das bereits zerstörte Zimmer beschränkt bleibt, gibt es eigentlich keinen Grund für Stress. Wenn wir erkennen, dass Teilbereiche aufgegeben werden können, können wir unsere Gedanken auf die noch zu rettenden Bereiche fokussieren und das vorhandene Potenzial zur Erreichung der noch realisierbaren Ziele bündeln.

Bild 24: ***Der vom Brand betroffene Raum ist zerstört. Davon kann bei diesem Anblick ausgegangen werden. Jeder Gedanke, der zur Erhaltung des brennenden Zimmers aufgewendet wird, ist überflüssig.***

2.5.2 Was gibt es noch zu retten?

Haben wir es hingegen »nur« mit brennenden Speisen in der Pfanne oder einem lokalen Brand in einem Elektrogerät in einer ansonsten noch intakten Küche zu tun, gibt es noch viel zu retten (▶ Bild 25). Der vermeintlich harmlose Brand zwingt uns möglicherweise zu schnellem Handeln. Es gilt, den Brand auf den Entstehungsherd zu begrenzen.

Bild 25: ***Hier gab es noch etwas zu retten. Das schnelle Eingreifen der Feuerwehr beim Brand einer Spülmaschine konnte den Totalverlust vermeiden.***

2.5.3 Was ändert sich pro Zeiteinheit?

Welcher Wert wird pro Minute vernichtet? Natürlich ist es nicht immer leicht, hier Zahlen abzuschätzen. Es ist sicherlich hilfreich, sich bereits im Vorfeld Gedanken zu machen, was zum Beispiel bei einem normalen Kellerbrand pro Minute vernichtet wird. Sind es 100, 1000, 10 000 oder 100 000 Euro? Nehmen Sie doch Ihr eigenes Umfeld als Muster und schätzen Sie die Wertverluste pro Minute bei einem Keller- oder Wohnungsbrand in Ihrem eigenen Haus. Beachten Sie bei Ihren Überlegungen, dass bis zum Eintreffen der Feuerwehr das Feuer bereits seit einigen Minuten brennt.

Beispiel: Waschmaschinenbrand

Ein Kommandant der Freiwilligen Feuerwehr, der einen Vortrag zu diesem Thema gehört hat, wird kurze Zeit später Kunde seiner eigenen Feuerwehr. Als in der Waschküche seines Wohnhauses die Waschmaschine in Brand gerät, erwartet er seine Kameradinnen/Kameraden vor seinem Haus und erteilt klare Anweisungen. Als Eigentümer des Hauses und der Waschmaschine hat er für sich die Prioritäten gesetzt und entschieden, dass es nicht so wichtig ist, wie lange seine Waschmaschine noch brennt. Viel wichtiger ist ihm, dass im Zuge der Löschmaßnahmen nicht sein ganzes Haus durch Rauch und Ruß in Mitleidenschaft gezogen wird.

So wie unser Kommandant hier vor seinem Haus steht und für seine eigenen Werte kämpft, so muss es für uns selbstverständlich sein, auch für die Werte unserer Kunden zu kämpfen.

Bild 26: *In dieser Waschküche gab es noch einiges zu retten. Das Bild zeigt zwei weitere Maschinen, Kunststoffkisten und Waschmittelbehälter auf einem Holzregal. Nehmen wir an, die beiden Maschinen neben dem eigentlichen Brandherd wurden zerstört und auch die Waschmittel usw. sind nicht mehr zu gebrauchen. Nehmen wir weiter an, die beiden Maschinen usw. hätten erhalten werden können, wenn die Feuerwehr den direkten Angriffsweg gewählt hätte. Wie wäre wohl die Gesamtbilanz (wirtschaftlich und funktional) ausgefallen, wenn es dabei zu einer Verrauchung des Einfamilienhauses gekommen wäre?*

Bild 27: ***Diese Gartenhütte ist verloren. Es gilt den Eigenschutz zu beachten, die Gefahr der Ausbreitung und etwaige Gefahren für die Umwelt zu beseitigen. In Bezug auf die eigentliche Hütte ist es wirtschaftlich betrachtet relativ egal, was wir tun.***

Wenn wir die Fragen nach den Werten stellen und gewissenhaft beantworten, werden wir nicht selten erkennen, dass das vermeintliche Großereignis (Vollbrand einer Lagerhalle) taktisch keine besonderen Anforderungen stellt. Wenn ohnehin alles zerstört ist, wenn es nichts mehr zu retten gibt, der Wertverlust pro Minute bei Null liegt, ist es unter wirtschaftlichen Gesichtspunkten völlig egal, was wir machen. Wir befinden uns in einem stationären Zustand (▶ Bild 28).

Wenn wir erkannt haben, dass es bei realistischer Betrachtung keine Werte mehr zu erhalten gibt, ist ein Risiko für die Gesundheit oder gar das Leben der Einsatzkräfte durch nichts mehr zu rechtfertigen. Ebenso kann die Reduzierung der eingesetzten Kräfte und die Besetzung der entblößten Wachen sinnvoller sein, als einen Kampf mit großem Aufwand zu betreiben, der längst verloren ist.

Bild 28: ***Wenn der Totalverlust eingetreten ist und es nichts mehr zu retten gibt, verlangt der Grundsatz der Verhältnismäßigkeit, dass das Risiko für die Einsatzkräfte auf ein absolutes Minimum gesenkt werden muss.***

Beispiel: Lagerhallenbrand

Eine Lagerhalle brennt in voller Ausdehnung. Sie ist teilweise bereits eingestürzt. Es besteht keine Gefahr der Brandausbreitung auf andere Gebäude oder sonstige Werte. Es brennen keine nennenswerten Mengen an Gefahrstoffen, es brennt hauptsächlich das Baumaterial Holz. Nachdem schon längst klar ist, dass es nichts mehr zu retten gibt, stürzt eine der freistehenden Giebelwände ein. Sie trifft zwei Feuerwehrmänner, die sich im Trümmerschatten aufgehalten haben. Mit viel Glück überstehen sie den Unfall unverletzt.

Dieses Beispiel ist nicht fiktiv! Es ist so realistisch wie viele weitere Beispiele, die die meisten von uns schon selbst miterlebt haben.

Bilder 29a und b: ***Was auch immer in diesem Raum brennen mag. Ein Betreten des Raumes ist erst möglich, wenn der Bereich stromlos geschaltet ist. Der Eigenschutz hat höchste Priorität.***

Beispiel: Hilflose Person in Wohnung

In einer Wohnung wird eine hilflose Person vermutet. Die Leitstelle stuft den Einsatz als Menschenrettung ein und entsendet einige Fahrzeuge mit Sondersignal. Vor Ort ergibt die Erkundung, dass die vermisste Person seit mehreren Wochen nicht mehr gesehen worden ist (▶ Bild 30).

Entscheidend für die weitere Vorgehensweise ist nun die Beantwortung der Frage: Was ändert sich (in der Wohnung) pro Zeiteinheit?

Es gibt drei Varianten:

- die Person ist tot, was ändert sich daran in den nächsten Minuten?
- die Person ist nicht in der Wohnung, was ändert sich daran in den nächsten Minuten?
- die Person liegt seit Wochen krank in der Wohnung, was ändert sich daran in den nächsten Minuten?

Bei den ersten Varianten befindet sich die Lage in der Wohnung eindeutig in einem stationären Zustand und verändert sich nicht weiter. Bei der dritten Variante treten

Veränderungen im Laufe der Zeit auf – allerdings dürften die Änderungen über einen Zeitraum von wenigen Minuten kaum relevant sein. Insgesamt lässt sich für die weitere Vorgehensweise kein Anlass für Hektik und Stress erkennen. Vermeidbare Sachbeschädigungen haben zu unterbleiben. Hätte die qualifizierte Notrufabfrage schon ergeben, dass die Person bereits seit Wochen nicht mehr gesehen wurde, müsste schon die Inanspruchnahme von Sonderrechten kritisch hinterfragt werden.

Bild 30: ***Diese Person wurde seit Wochen vermisst. Sie lag tot in ihrer Wohnung. Zu retten gab es hier nichts mehr – ein stationärer Zustand war erreicht.***

2.5.4 Die Lage stabilisieren

Die Stabilisierung der Lage stellt eine weitere Möglichkeit dar, um Zeit zu gewinnen. Wenn es uns gelingt, durch einfache Maßnahmen die Lage zu stabilisieren, den drohenden Wertverlust pro Zeiteinheit zu reduzieren, so gewinnen wir Zeit. Im Idealfall erreichen wir sogar einen stationären Zustand, was den Wertverlust pro Zeiteinheit betrifft. Wenn es uns nämlich gelingt, den Wertverlust pro Zeiteinheit auf Null zu senken, indem wir sicherstellen, dass das Schadenausmaß auf das bei

Eintreffen vorgefundene Ausmaß beschränkt bleibt, haben wir theoretisch unendlich viel Zeit, unsere Vorgehensweise bis ins Detail zu planen.

Beispiel: Der Löwe im Wohnzimmer

Stellen wir uns vor, wir werden mit dem Einsatzstichwort »Löwe in Wohnung« alarmiert. Sicherlich werden wir uns auf der Anfahrt einige Gedanken machen und hoffen, dass uns jemand »auf den Arm nehmen« möchte. Vor Ort stellt sich jedoch heraus, dass tatsächlich ein ausgewachsener weiblicher Löwe auf der Couch im Wohnzimmer liegt. Um die Lage beurteilen zu können, sind vor allem zwei Informationen von Bedeutung:

1. Ist außer der Löwin noch jemand im Zimmer? – Antwort: Nein, die Löwin ist alleine.
2. Ist die Wohnzimmertür geschlossen? – Antwort: Ja, die Tür ist geschlossen.

Bild 31: ***Ein Löwe im Wohnzimmer – ungewöhnlich und Furcht einflößend. Bei richtiger Betrachtung aber völlig problemlos – solange die Tür des Zimmers geschlossen und die Lage stabil bleibt. Hier heißt es: Ruhe bewahren.***

Erleichtert werden wir aufatmen, erkennen wir doch, dass die so dramatisch klingende Lage sich bei genauerer Betrachtung als relativ harmlos, weil stabil, herausgestellt hat. Die Löwin ist im Raum gefangen und kann dort keinen nennenswerten Schaden anrichten, insbesondere keine Menschen gefährden. Wir haben es mit einer statischen Lage zu tun, haben die Zeit, uns zu beraten. Wir können stundenlang warten, bis ein Tierpfleger oder eine Spezialeinheit der Polizei das Problem vor Ort löst. Wichtig ist dabei allerdings, dass die Lage stabil bleibt. Unter keinen Umständen darf die Tür des Wohnzimmers geöffnet werden. Ansonsten kann die Löwin entweichen, wodurch sich die bisher statische Lage augenblicklich in eine dynamische Lage verwandeln würde, die sofortige Maßnahmen, möglicherweise unter Inkaufnahme einer Eigengefährdung der Einsatzkräfte, bedingt.

Prinzipiell lässt sich das Beispiel von der Löwin auch auf Brandereignisse übertragen, sofern es gelingt, das Feuer in einem Bereich einzuhausen, in dem es keinen nennenswerten Schaden anrichten kann. Allerdings ist dabei zu berücksichtigen, dass Feuer die Eigenschaft hat, sich unter Umständen durch Türen, Decken hindurch und über die Fassade ausbreiten zu können. Insofern ist es bei Bränden wichtig, die Lage und insbesondere das Feuer permanent zu beobachten und es gegebenenfalls durch begleitende Maßnahmen in Schach zu halten.

2.5.5 Disziplinlosigkeit als Stressfaktor

Es gibt aber noch einen weiteren Faktor, der für den Zeitdruck an der Einsatzstelle verantwortlich ist und den es unbedingt abzustellen gilt. Es ist die Disziplinlosigkeit unserer Einsatzkräfte. Stellen wir uns einen jungen Gruppen- oder Zugführer vor, der sich die Zeit nimmt, die Einsatzstelle schulmäßig zu erkunden, die Lage zu beurteilen und den Einsatz zu planen. Wer wartet denn am Fahrzeug auf seine Befehle, die er sich sorgfältig und gewissenhaft überlegt hat? Steht dort eine Mannschaft, die auf die Führungsqualität des Vorgesetzten vertraut und auf Weisung handelt? Oder hat sich die Mannschaft längst selbstständig gemacht und »schon einmal angefangen«?

Beispiel: Wohnhausbrand

Eine Feuerwehr wird bei Nacht alarmiert. »Wohnhausbrand, es sind noch zwei Personen im Haus« lautet die Meldung. Vor Ort eingetroffen, begibt sich der Angriffstrupp unverzüglich ins Gebäude. Auf einen Befehl zu warten, lohnt sich bei dieser klaren Meldung nicht, so seine Meinung. Tatsächlich sind die vermissten Personen jedoch auf das Dach des Gebäudes geflüchtet und müssen von dort über tragbare Leitern gerettet werden. Glücklicherweise hatte wenigstens der Gruppenführer trotz der klaren Meldung die Notwendigkeit einer Erkundung erkannt. Glücklicherweise verfügte er auch über genügend Personal, um die Leiter noch in Stellung bringen zu können. Der Angriffstrupp suchte derweil im Gebäude nach Menschen, die dort gar nicht mehr waren.

Bild 32: ***Klare Strukturen und diszipliniertes Arbeiten im Team helfen bei der Vermeidung von Stress.***

Selbst wenn die Personen tatsächlich noch im Gebäude sind, kann die Zeit, die für eine kurze Erkundung benötigt wird, oftmals einen großen Zeitvorteil bringen. Gelingt es, von Nachbarn oder Angehörigen Hinweise zu erhalten, in welchem Teil des Gebäudes die Personen sich vermutlich aufhalten, kann wertvolle Zeit gewonnen werden.

Viel Potenzial wird auch vergeudet, weil Trupps sich nicht wieder am Verteiler einfinden, wenn ein Auftrag erledigt wurde. Vielmehr tendieren Einsatzkräfte häufig dazu, sich selbst Arbeit zu suchen. Einmal weggeschickt, sind sie für lange Zeit nicht mehr verfügbar. So entsteht an vielen Einsatzstellen ein künstlich erzeugter Personalmangel.

Leider reagieren viele Führungskräfte falsch auf diese Ursache für Zeitdruck, Personalmangel und Stress. Anstatt sich durchzusetzen und Disziplin einzufordern oder den Angriff mit Bereitstellung zu befehlen, verzichten sie häufig auf die Erkundung. So wird vermeintlich der Gefahr vorgebeugt, sich beim nächsten Einsatz wieder eine Blöße zu geben. Aber – und das muss allen Führungskräften bewusst sein – wenn wir nicht erkunden, beurteilen, planen und befehlen – welche Existenzberechtigung haben wir dann? Wofür werden Führungskräfte gebraucht, die zulassen, dass sich die Mannschaft auch ohne Erkundung nach »Schema F« entwickelt?

Beispiel:

Sie haben ein Problem mit einer Wasserleitung im Haus und bestellen einen Klempner. Dieser kommt und bringt gleich einen Auszubildenden mit. Sie begeben sich in Ihre Wohnung im ersten Obergeschoss und erläutern dem Klempner das Problem. Noch während Sie erklären, hören Sie aus dem Keller die Geräusche eines Schlaghammers. Erstaunt fragen Sie: »Meister, was ist denn das?« und erhalten als Antwort: »Das ist mein Lehrling, der fängt schon mal an.«

Würden wir diesen Handwerker noch einmal um Hilfe ersuchen, ihn noch einmal in unser Haus lassen? Wohl kaum.

Tatsächlich legen wir nicht selten schon los, ohne zu wissen, was eigentlich genau gefordert ist. So erlebte der Autor einen Einsatz, bei dem der Angriffstrupp auf eigene Faust operierte. Es hätte fast geklappt, man hatte sich nur in der Straßenseite geirrt. Es brannte im Hof gegenüber.

Die Tatsache, dass wir das Glück haben, ein Monopolist zu sein, darf uns nicht überheblich werden lassen. Auch unsere Kunden haben ein Anrecht auf eine kundenspezifische, optimierte Lösung – und die setzt eine Lageerkundung zwingend voraus.

3 Taktische Grundlagen

3.1 Was ist Gefahr?

Um eine Gefahr effektiv bekämpfen zu können, muss man sie erkennen und richtig beurteilen. Eine Gefahr setzt eine Gefahrenursache und ein bedrohtes Objekt voraus, wobei sich das bedrohte Objekt im Einzugsbereich der Gefahrenursache, dem Gefahren- oder Wirkungsbereich, befinden muss (▶ Bild 33). Das bedrohte Objekt muss dabei so beschaffen sein, dass es von der vermeintlichen Gefahrenursache in seinem Wesen oder seinem Wert (noch) gefährdet werden kann.

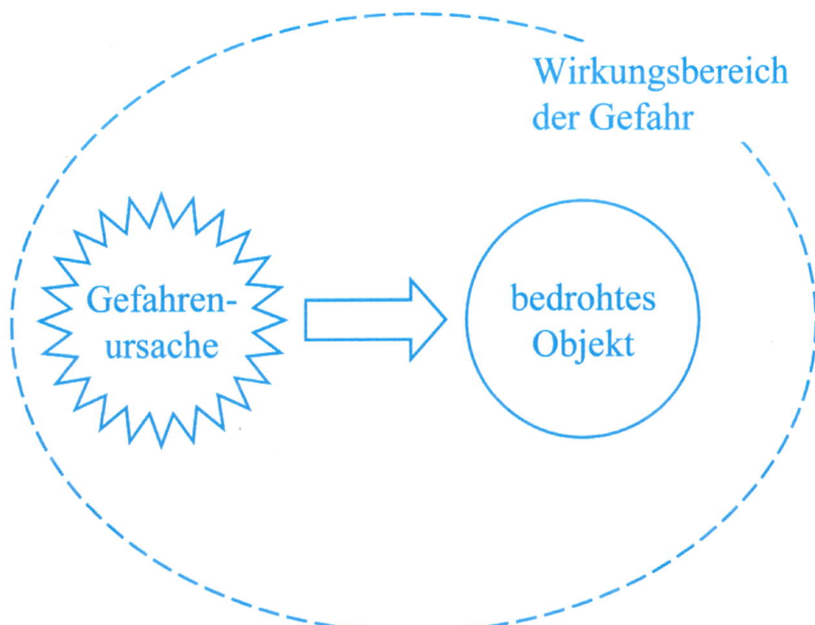

Bild 33: ***Gefahr: Ein bedrohtes Objekt befindet sich im Wirkungsbereich der Gefahrenursache.***

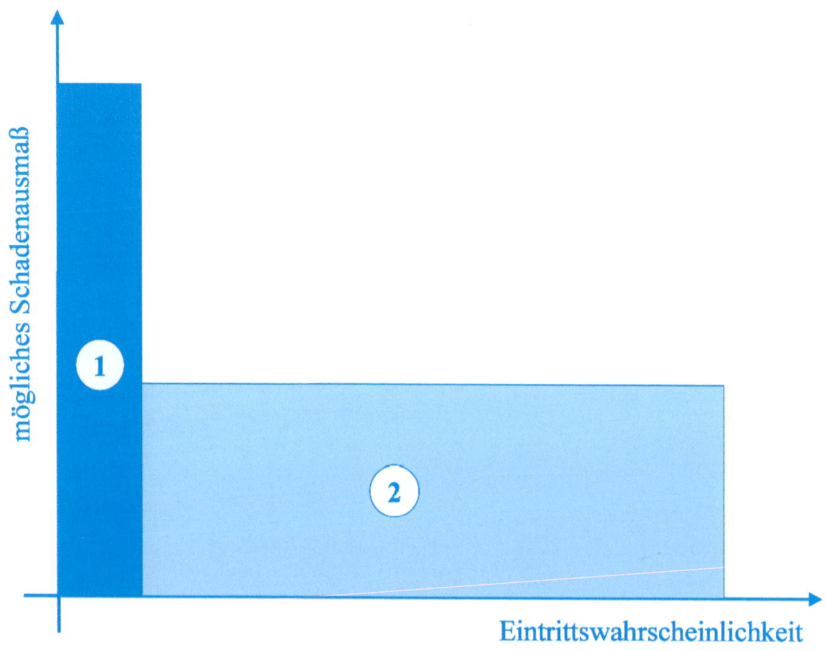

Bild 34: ***Grafische Darstellung zur Bestimmung der Größe einer Gefahr***

Um eine Gefahr präzise erfassen und beschreiben zu können, muss demzufolge klar sein, welche Gefahrenursache auf welches bedrohte Objekt wirkt. Es reicht für eine vernünftige Lagebeschreibung nicht aus, festzustellen, dass beispielsweise eine Gefahr durch Atemgifte besteht. Vielmehr muss klar zum Ausdruck gebracht werden, für wen die Gefahr durch Atemgifte besteht. Nur diese systematische Zuordnung von Gefahrenursachen und bedrohtem Objekt erlaubt eine zielorientierte Vorgehensweise an der Einsatzstelle.

Um bei mehreren gleichzeitig vorhandenen Gefahren eine Wichtung vornehmen zu können, ist es notwendig, die Größe der Gefahren beurteilen zu können. Die Größe der Gefahr lässt sich als ein Produkt aus dem zu erwartenden Schadenausmaß und der Eintrittswahrscheinlichkeit beschreiben (▶ Bild 34).

Gefahr = Schadenausmaß · Eintrittswahrscheinlichkeit

Die Fläche des Rechtecks veranschaulicht die Größe der Gefahr. Offensichtlich ist die mit ② bezeichnete Gefahr in der Prioritätenliste höher einzustufen. Obwohl das zu erwartende Schadenausmaß bei dieser Gefahr kleiner ist, sollte sie aufgrund der wesentlich höheren Eintrittswahrscheinlichkeit in der Regel bevorzugt bekämpft werden.

Grundsätzlich ist diese Betrachtungsweise richtig. Allerdings muss sie modifiziert beziehungsweise präzisiert werden, um die tatsächlichen Gegebenheiten an der Einsatzstelle richtig darzustellen. Die korrigierte Formel muss lauten:

Gefahr = noch vermeidbarer Schaden^{a} · Eintrittswahrscheinlichkeit^{b}

[a] bei schnellstmöglicher Einleitung realisierbarer Gegenmaßnahmen
[b] bei ausbleibenden Gegenmaßnahmen

Entscheidend für unsere Beurteilung der vorhandenen Gefahren kann nur der Teil des Schadenausmaßes sein, der sich durch unser Eingreifen noch beeinflussen lässt. Bereits eingetretene und nicht mehr vermeidbare Schäden sollten im Zuge der Gefahrenabwehr keine Berücksichtigung finden. Wenn der Totalverlust bereits eingetreten ist, ist der Wert (noch vermeidbarer Schaden) des vormals bedrohten

Bild 35: ***Der noch vermeidbare wirtschaftliche Schaden ist hier, bezogen auf das Brandobjekt, gleich Null. Diesen Brand gilt es primär aus Gründen des Umweltschutzes zu bekämpfen. Daneben muss es ein Ziel sein, die Autobahn durch die Polizei schnellstmöglich wieder für den Verkehr freigeben zu können.***

Objektes auf Null abgesunken. Es besteht zu diesem Zeitpunkt keine Gefahr mehr für dieses Objekt (▶ Bild 35).

Es ist für unsere Einsatzplanung sehr wichtig, solche Zustände realistisch zu beurteilen und Verluste zu akzeptieren. Jedes Objekt, um welches wir kämpfen, obwohl es bereits verloren ist, hindert uns daran, sinnvolle Dinge zu tun. Wir investieren Potenzial, welches wir an anderer Stelle einsetzen könnten, um real existierende Gefahren zu bekämpfen und Schäden zu vermeiden.

3.1.1 Anmerkungen zur Gefahrenmatrix

Wenn Feuerwehrangehörige in Deutschland Taktik trainieren, trainieren sie den Umgang mit Gefahren. Bei der Beurteilung der Gefahren nutzen sie die Gefahrenmatrix aus der Feuerwehr-Dienstvorschrift 100, die ihnen helfen soll, systematisch bestehende Gefahren zu erkennen.[4] Möglicherweise wird diese Matrix von vielen Feuerwehrangehörigen unbewusst falsch interpretiert. In dieser Matrix wird eine Gefahr durch Atemgifte für Sachwerte eindeutig verneint.

Gefahr	für Menschen und Tiere	für Sachwerte
Atemgifte	ja	nein

Unter Berücksichtigung der toxikologischen Eigenschaften der Atemgifte ist dies natürlich richtig. Man darf jedoch nicht den Fehler machen, Atemgifte mit Brandrauch gleichzusetzen. Dieser Fehler wird möglicherweise häufig gemacht, da Brandrauch in der Matrix nicht eigens aufgeführt ist.

Brandrauch beinhaltet Atemgifte mit akut toxischer Wirkung. Einige dieser Atemgifte haben zudem Eigenschaften, die Sachwerte schwer beschädigen können (beispielsweise die korrosiven Eigenschaften der Salzsäuredämpfe). Vor allem hochwertige, elektronische Geräte reagieren sehr empfindlich auf diese Schadstoffe. Darüber hinaus besteht Brandrauch unter anderem aus Ruß, an dem Schadstoffe in gesundheitsschädlicher Konzentration adsorbiert sind. Somit besitzen Rußablagerungen ein unter Umständen ernst zu nehmendes Gefährdungspotenzial, welches aufwändige Reinigungs- und Sanierungsmaßnahmen auch nach einfachen Bränden erfordern kann. Gemäß der »Richtlinie zur Brandschadensanierung« des VdS sind

4 Siehe hierzu auch: Schläfer, H.: Das Taktikschema, Kohlhammer-Verlag, Stuttgart, 1998.

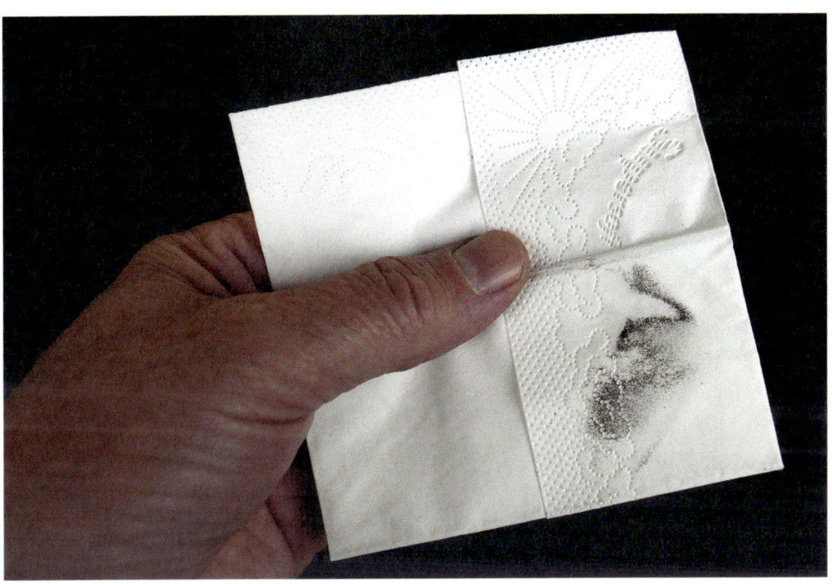

Bild 36: ***Der Wischtest mit einem Papiertaschentuch zeigt, dass es in diesem Bereich Rußablagerungen gibt. Damit ist eine Gefährdung durch Schadstoffe nicht auszuschließen.***

nach einem Brand alle Rußspuren zu entfernen. Erst dann ist der Raum von allen Schadstoffen befreit, die durch den Brand freigesetzt wurden.

Die Gefahr durch Brandrauch kann demzufolge nicht hinreichend unter der Gefahr »Atemgifte« behandelt werden. Brandrauch muss auch unter der Gefahr »Ausbreitung« in die taktischen Überlegungen einfließen. Wir müssen bei Anwendung der Matrix konsequent über die **Ausbreitung von Feuer und Rauch** nachdenken. Dann sind auch Gefahren durch Rauchausbreitung auf Sachwerte erfasst und werden einer systematischen Beurteilung unterzogen.

Gefahr	für Menschen und Tiere	für Sachwerte
Ausbreitung von Feuer **und Rauch**	ja	ja

3.1.2 Mit Gefahren umgehen – vier grundsätzliche Möglichkeiten

Die im Folgenden vorgestellten Möglichkeiten, mit einer Gefahr umzugehen, sind allgemein gültig und nicht feuerwehrspezifisch zu sehen. Um dies zu verdeutlichen, werden die grundsätzlichen Möglichkeiten am Beispiel der in ▶ Bild 37 dargestellten Situation durchgespielt.

Bild 37: ***Gefahrenursache: Tiger – bedrohtes Objekt: ein Kind. »Es besteht eine Gefahr durch den Tiger für das Kind.«***

Wie müssen wir mit einer vermeintlichen Gefahr umgehen?

1. Frage:
Besteht tatsächlich eine Gefahr? ⇒ Ja!

Begründung:

- Bei dem Tiger handelt es sich um eine Raubkatze, die Menschen töten kann. Sie stellt somit in Bezug auf das Objekt eine tatsächliche Gefahrenursache dar.
- Der Abstand zwischen dem Kind und dem Tiger ist so gering, dass eine unmittelbare Gefahr besteht. Das Kind steht im Wirkungsbereich der Gefahrenursache.

⇒ Das Kind lebt. Der Verlust des Lebens des Kindes stellt somit einen noch vermeidbaren Schaden dar. Das Kind ist noch zu retten.

2. Frage:
Wie groß ist die Gefahr? ⇒ Die Gefahr ist als sehr groß einzustufen.

Begründung:

- Der noch vermeidbare Schaden ist der Verlust eines Menschenlebens.
- Die Eintrittswahrscheinlichkeit des Verlustes dieses Menschenlebens ist sehr groß, da der Tiger bereits eine drohende Haltung eingenommen hat und jeden Moment zum Angriff übergehen kann. Das Kind scheint außerstande und macht derzeit keinerlei Anstalten, sich selbst zu helfen.

⇒ Es besteht akuter Handlungsbedarf!

3. Frage:
Welche grundsätzlichen Möglichkeiten bestehen, um die Gefahr abzuwenden?
Es besteht die Möglichkeit, die Gefahrenursache zu beseitigen (▶ Bild 38) oder das Kind in Sicherheit zu bringen (▶ Bild 39). Ist beides nicht möglich, kann man das Kind von der Gefahr abschirmen (▶ Bild 40).

1. Gefahrenursache beseitigen

Der Angriff ist auf die Gefahrenursache ausgerichtet. Der Tiger wird unschädlich gemacht.

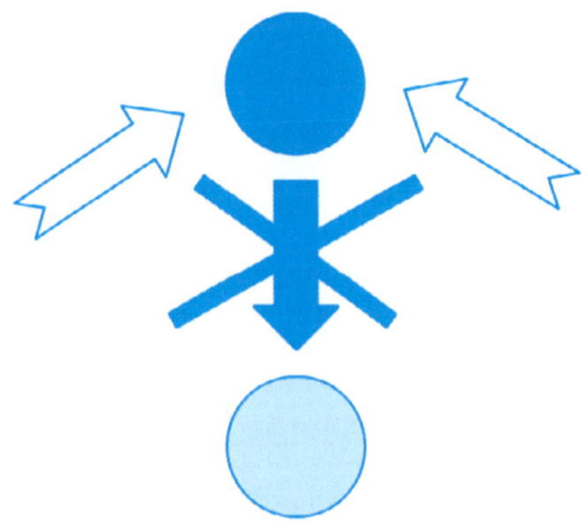

Bild 38: ***Gefahrenursache beseitigen (dunkelblau: Gefahrenursache, Gefahrenwirkung; hellblau: bedrohtes Objekt; weiß: Angriffsrichtung)***

2. In Sicherheit bringen

Der Angriff ist auf das bedrohte Objekt ausgerichtet. Das bedrohte Objekt wird aus dem Wirkungsbereich der Gefahr herausgebracht. Wir bringen das Kind in Sicherheit.

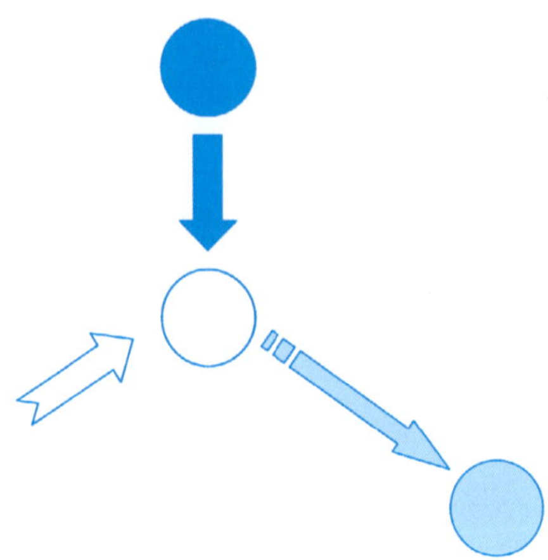

Bild 39: ***In Sicherheit bringen (dunkelblau: Gefahrenursache, Gefahrenwirkung; hellblau: bedrohtes Objekt; weiß: Angriffsrichtung)***

3. Abschirmen

Der Angriff ist auf den Bereich zwischen der Gefahrenursache und dem bedrohten Objekt ausgerichtet. Das bedrohte Objekt wird gegen den schädlichen Einfluss der Gefahrenursache geschützt. Wir sorgen für eine wirkungsvolle Abtrennung zwischen dem Tiger und dem Kind.

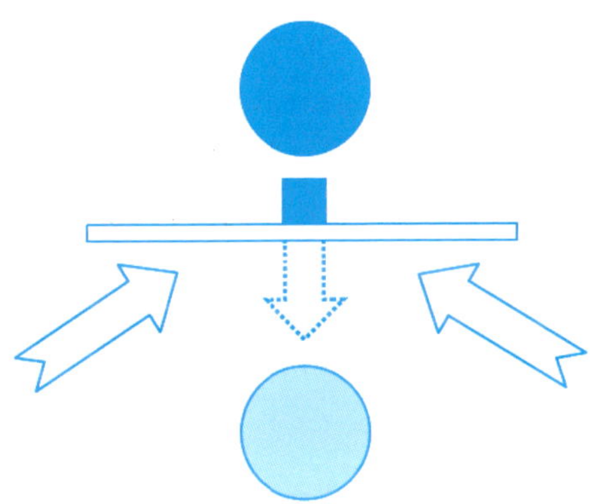

Bild 40: ***Abschirmen (dunkelblau: Gefahrenursache, Gefahrenwirkung; hellblau: bedrohtes Objekt; weiß: Angriffsrichtung)***

4. Frage:
Gibt es noch eine weitere Möglichkeit, auf die Gefahr zu reagieren?

Ja, wir können das Kind aufgeben!

3.1.3 Das Tabuthema »Aufgeben«

Spricht man mit Feuerwehrangehörigen über das Aufgeben als vierte Variante, so stößt man häufig auf Unverständnis und Ablehnung. Nicht selten herrscht der Irrglaube vor, dass Aufgeben keine taktische Variante sei, mit der man einer Gefahr begegnen könne.

Entgegen dieser Meinung ist das Aufgeben zum richtigen Zeitpunkt eine sehr wichtige und entscheidende Maßnahme. Aufgeben kann helfen, das eigene Leben bzw. das der Einsatzkräfte zu schützen, Menschen zu retten, Sachwerte zu erhalten und Stress zu vermeiden. Aufgeben heißt einfach nur, sich den Realitäten zu stellen.

Bilder 41a und b: ***Bevor die Rettung des Fahrers eingeleitet werden kann, sind zunächst Sicherungsmaßnahmen zu ergreifen, um die Lage zu stabilisieren. Konkret bedeutet dies, dass der Fahrer trotz seiner möglicherweise lebensbedrohlichen Lage vorübergehend keine direkte Hilfe erfährt, um das Leben der Einsatzkräfte nicht zu gefährden.***

Aufgeben heißt nicht zwingend, dass keine Maßnahmen zur Beseitigung der Gefahr ergriffen werden. Aufgeben kann auch bedeuten, dass Maßnahmen vorübergehend/temporär zurückgestellt werden, bis genügend Potenzial vor Ort ist, um sich dann auch dieser, nach Einschätzung des Einsatzleiters, weniger wichtigen Aufgaben zuwenden zu können. Aufgeben kann auch bedeuten, dass Maßnahmen erst ergriffen werden, wenn andere Gefahren beseitigt wurden und/oder die Sicherheit der Einsatzkräfte in hinreichendem Maße gewährleistet werden kann.

Grundsätzlich ist der Einsatzleiter der Feuerwehr verpflichtet, einzugreifen und zu helfen, wenn er vor Ort eine Gefahrensituation im Sinne des Feuerwehrgesetzes erkennt, zu deren Beseitigung er beitragen kann und benötigt wird. Wählt er dennoch die Variante »Aufgeben«, so muss er hierfür einen Grund haben. Leider machen wir uns diese Tatsache, die völlig normal, taktisch richtig und zielführend ist, häufig nicht bewusst. Dadurch, dass wir einzelne Gefahren nicht ganz bewusst »abhaken«, belasten wir uns unnötig und laufen ständig Gefahr, uns zu verzetteln.

Die Abwägung der noch zu rettenden Werte, die Abschätzung der Wahrscheinlichkeiten ist nicht immer so einfach, wie hier dargestellt. In einigen Fällen sind die

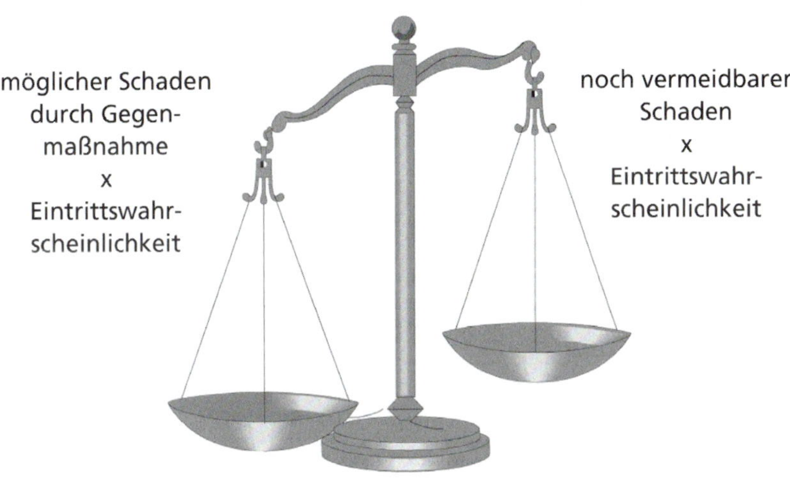

Bild 42: ***Sind im Zuge eines Rettungsversuches mit hoher Wahrscheinlichkeit Verluste zu erwarten, die höher sind als der vermeidbare Schaden, so kann Aufgeben der taktisch richtige Weg sein.***

Fakten jedoch offensichtlich. Wir kommen schon einen großen Schritt weiter, wenn wir zumindest in den eindeutigen Fällen die richtigen und notwendigen Konsequenzen ziehen.

»Wenn Du merkst, dass Du ein totes Pferd reitest – steig ab.«
Dakota Indianer

In folgenden Situationen kann es sinnvoll sein, Objekte aufzugeben:

1. Grund:
Ein Objekt ist bereits **vernichtet** oder **nicht mehr zu retten**. Es gibt keine sonstigen Gründe um dieses Objekt zu kämpfen.

> **Beispiele:**
>
> Ein Zimmer brennt in voller Ausdehnung (die Einrichtung ist vernichtet und wird aufgegeben).
>
> Ein Keller ist überflutet. Der Inhalt des Kellers ist vernichtet. Eventuell im Keller befindliche wasserfeste Gegenstände sind nicht in Gefahr, da wasserfest.
>
> Auf einer Wiese brennen Strohballen. Die Ballen sind wertlos, sind Sondermüll. Der Landwirt kann mit den Ballen nichts mehr anfangen. Sie sind angebrannt, durchnässt und riechen nach Brand. Ein Großaufgebot der Feuerwehren kämpft gegen das Feuer. Nach dem Brand müssen mehrere festgefahrene Fahrzeuge freigeschleppt werden. Teure Einsatzfahrzeuge mit hohem taktischen Wert wurden vorübergehend »unbrauchbar« gemacht, um wertloses Stroh abzulöschen. Aus Gründen des Umweltschutzes kann ein Löschangriff trotzdem notwendig sein. Er sollte aber der Lage angepasst durchgeführt werden.

2. Grund:
Der **erforderliche Aufwand**, um das Objekt zu retten, ist **zu groß** und hindert uns daran, sinnvollere Dinge zu tun.

> **Beispiele:**
>
> Das gesamte Potenzial muss aufgewandt werden, um eine Menschenrettung durchzuführen. Eine Brandbekämpfung zum Schutz der Sachwerte ist zumindest vorübergehend nicht möglich. Die Sachwerte werden aufgegeben.
>
> In einer Sturmnacht werden mehrere Bäume umgeworfen. Haupt- und Nebenstraßen werden unpassierbar. Die Einsatzleitung konzentriert sich darauf, die Hauptstraßen befahrbar zu machen. Das Ziel, die Nebenstraßen von den Hindernissen zu befreien, wird (vorübergehend) aufgegeben.

3. Grund:
Das **Risiko**, das eingegangen werden muss, um das Objekt zu retten, steht in keinem Verhältnis zu dem zu rettenden Gut.

Beispiel:

Eine Lagerhalle brennt in voller Ausdehnung. Sie ist zum Teil schon eingestürzt. In der Halle befinden sich keine Gefahrstoffe, eine Ausbreitung des Brandes ist ausgeschlossen. Ein Großteil der eingesetzten Kräfte der Berufsfeuerwehr der Nachbarstadt wird zurück zur entblößten Feuerwache geschickt. Die Sicherstellung des Brandschutzes eines großen Stadtgebietes wird höher eingestuft als das Ablöschen einer Lagerhalle, die ohnehin nicht mehr zu retten ist und von der keine Gefährdung ausgeht.

Die verbleibenden Kräfte der Berufsfeuerwehr werden angewiesen, unter keinen Umständen den Trümmerschatten der freistehenden Giebelwand zu betreten. Sofern die Wurfweite der eingesetzten Rohre nicht ausreichend ist, um die Brandstelle vernünftig mit Wasser zu beaufschlagen, werden sie gegen größere Rohre oder Werfer ausgetauscht oder zurückgenommen. Um Irritationen und Übereifer vorzubeugen, wird den eingesetzten Kräften in einer kurzen Besprechung der Sachverhalt unmissverständlich verdeutlicht (die Halle ist nicht mehr zu retten). Zeit für dieses kurze Gespräch ist gegeben, schließlich gibt es nichts mehr zu retten.

Beispiel:

Auf der Autobahn brennt ein Tanklastzug mit Vergaserkraftstoff in voller Ausdehnung. Der Fahrer kann sich schwer verletzt retten, er verstirbt einen Tag später in der Klinik. Die Einsatzleitung entschließt sich, den Tanklastzug mit 40 000 Litern Benzin über mehrere Stunden ausbrennen zu lassen. Die Gefahr, dass bei einem Löschversuch große Mengen Kraftstoff ins Erdreich beziehungsweise ins Grundwasser gelangen könnten, wird höher eingeschätzt als die Belastung der Atmosphäre mit Brandrauch.

Die Feuerwehr erhält für diese Entscheidung Tage später ein Lob vom zuständigen Umweltamt für ihr umsichtiges Verhalten.

Die Liste der Beispiele ließe sich fast beliebig verlängern. Es soll jedoch dem Leser überlassen bleiben, in der Statistik der eigenen Feuerwehr weitere Beispiele zu finden, die es gewiss in hinreichender Anzahl gibt.

Bilder 43a und b: ***Das Reifenlager steht in Vollbrand und ist nicht mehr zu retten. Die weiteren Maßnahmen müssen unter dem Aspekt des Schutzes der Umgebung und des Umweltschutzes vorgenommen werden. Dabei sind sowohl die Belästigung der Anlieger durch die Rauchgasemissionen als auch die mögliche Gefährdung von Boden und Grundwasser bei der Verwendung von Schaummittel zu berücksichtigen. Um die Gefahr für Boden und Grundwasser zu minimieren, wird das mit Schaummittel versetzte ablaufende Löschwasser aufgefangen und im Kreislauf wieder verwendet. Um Schäden an den eigenen Gerätschaften zu vermeiden, kommen dazu bewusst alte und robuste Aggregate und Armaturen zum Einsatz. Möglichst umweltverträgliches Schaummittel wird über große Entfernungen herangeführt und in Abstimmung mit der Umweltbehörde eingesetzt.***

Ganz bewusst wurde bisher das Thema **»Menschenrettung«** ausgegrenzt. In den bisherigen Beispielen waren es immer Sachwerte, die aufgegeben wurden. Im folgenden Abschnitt soll jedoch die Frage diskutiert werden, ob es auch denkbar ist, Menschenleben aufzugeben.

Betrachten wir hierzu nochmals das Beispiel mit dem Tiger und dem kleinen Mädchen. Selbstverständlich haben wir im konkreten Fall weder das Recht noch die Absicht, das kleine Kind im Wirkungsbereich der Gefahr zu belassen, ohne zumindest irgendwelche Versuche zu unternehmen, ihm zu helfen. Wir werden natürlich nicht aufgeben, ohne einen triftigen Grund zu haben. Ein Grund könnte aber sein, dass im Zuge eines Rettungsversuches mit hoher Wahrscheinlichkeit Verluste zu erwarten sind, die noch höher oder genauso hoch wie der Verlust dieses Menschenlebens einzustufen sind. Der Grundsatz der Verhältnismäßigkeit ist auch bei derartigen Lagen anzuwenden und kann im Extremfall dazu führen, dass die Aufgabe des Kindes sich als der taktisch richtige Weg erweist.

Ein Menschenleben aufgeben zu müssen, stellt an alle Einsatzkräfte hohe Ansprüche. Der psychische Druck ist extrem hoch, die Angst vor rechtlichen

Bild 44: ***Hier gibt es nichts mehr zu retten. Eine Gefährdung der Einsatzkräfte ist in keiner Weise mehr zu rechtfertigen. Der Trümmerschatten des Gebäudes muss zur Tabuzone erklärt werden.***

Konsequenzen gegeben. Dennoch müssen wir gelegentlich den Mut finden, diese Entscheidung rechtzeitig zu treffen. Kommen im Zuge einer ausweglosen Menschenrettung vormals gesunde Einsatzkräfte zu Schaden, im Extremfall zu Tode, so wird der hierdurch erzeugte psychische Druck kaum noch zu ertragen sein, rechtliche Konsequenzen sind nicht unwahrscheinlich.

Die Aufgabe eines Menschenlebens erfordert Geschick, Fingerspitzengefühl und Mut. Das Beispiel der Triage aus dem Bereich des Rettungsdienstes zeigt, dass man sich dort mit diesem Tabuthema auseinander gesetzt hat und im Bedarfsfall auch das nicht einfache Aufgeben von Menschenleben zu Recht praktiziert.

Glücklicherweise kommt es in der Feuerwehrpraxis sehr selten vor, dass die Entscheidung zur Aufgabe eines Menschenlebens zu treffen ist. Dass es aber eine ganze Reihe von Beispielen gibt, bei denen auch Menschenleben aufgegeben werden müssen, sei anhand einiger Beispiele gezeigt.

Ein Menschenleben aufzugeben, bedeutet das nach unserer Wertschätzung höchste Gut aufzugeben. Aus diesem Grund muss eine derart weitrechende Entscheidung sehr gut überdacht sein und kann nicht ohne weiteres mit der Aufgabe eines Sachwertes verglichen werden. Diese Aussage bezieht sich natürlich nur auf noch zu rettende Menschen. Hat der Arzt den Tod festgestellt oder liegen eindeutige Todeskennzeichen vor, so haben wir es mit einem Wert (Menschenleben) zu tun, der bereits verloren und somit nicht mehr zu retten ist. Maßnahmen, bei denen ein Risiko für die Einsatzkräfte gegeben ist, dürfen in diesen Fällen nicht länger unter dem »Deckmantel« der Menschenrettung betrieben werden. Nach eindeutiger Feststellung des Todes, wandelt sich eine Menschenrettung augenblicklich in eine Leichenbergung. Diese hat unter Beachtung des Eigenschutzes, ggf. unter Wahrung polizeilicher Interessen und in der Regel ohne Zeitdruck zu erfolgen. Zu beachten ist dabei allerdings, dass auch ein toter Mensch durch den Artikel 1 unseres Grundgesetzes geschützt ist. Auch die Würde dieses (verstorbenen) Menschen ist unantastbar.

Umgekehrt gilt ein Mensch als lebend, bis sein Tod offiziell festgestellt oder eindeutig ersichtlich ist. Vorsicht ist daher mit Wahrscheinlichkeitsbetrachtungen und Mutmaßungen geboten. Die Vermutung allein reicht nicht aus, um eine Menschenrettung zu unterlassen. Wenn wir eine Küche brennen lassen, um andere Schäden zu vermeiden und dabei davon ausgehen, dass der Besitzer die Küche in diesem Zustand ohnehin nicht mehr haben will und ohnehin entsorgen wird, so ist dies die eine Sache. Einen Menschen aufzugeben, weil er »wahrscheinlich schon tot ist« ist hingegen aus rechtlicher und ethischer Sicht eine völlig andere Sache!

Bild 45: ***Bei diesem Unfall war ein Kleinwagen derart massiv unter einen Sattelauflieger geraten, dass nach menschlichem Ermessen davon auszugehen war, dass keiner der Insassen diesen Unfall überlebt haben konnte. Doch die sofort eingeleiteten Rettungsmaßnahmen verliefen erfolgreich. Der allein im Fahrzeug befindliche Fahrer hat den Unfall überlebt.***

Als Grund für die Aufgabe eines Menschen kann in der Regel nur gelten, dass

1. Grund:
die Rettung anderer Menschen vorrangig zu verfolgen ist.

> **Beispiel:**
>
> Bei einem Massenanfall von Verletzten können nicht alle Verletzten gleichzeitig in der gewohnten Art und Weise behandelt werden. Der Notarzt entschließt sich, eine Triage durchzuführen. Er stuft mehrere noch lebende Menschen in die Kategorie 4 ein. Dies bedeutet, dass diese Menschen vorläufig nicht behandelt, sondern bestenfalls betreut werden. Der Notarzt konzentriert sich auf die Menschen, denen bei guten Erfolgsaussichten relativ schnell geholfen werden kann. Einige der Menschen, die in Kategorie 4 eingestuft worden sind, versterben bevor genügend Kräfte vor Ort sind, um für deren qualifizierte medizinische Versorgung zu sorgen. Einige hätten ihre Verletzungen unter Umständen in einer anderen Situation überleben können. Sie wurden vom Notarzt mit dem Ziel aufgegeben, anderen Menschen helfen zu können.

Bild 46: ***Die gleiche Einsatzstelle wie zuvor. Im Hintergrund ist der Pkw zu sehen, der unter den Sattelauflieger geschoben worden ist. Im Vordergrund der auffahrende Sattelzug, dessen Fahrer polytraumatisiert und ebenfalls eingeklemmt, aber ansprechbar ist. Auch er Bedarf dringend der Hilfe der Feuerwehr. Da gleich zu Beginn genügend taktische Einheiten vor Ort waren, um parallel technische Rettungsmaßnahmen an beiden Fahrzeugen durchführen zu können, war der Einsatzleiter nicht gezwungen, abwägen zu müssen, in welcher Reihenfolge die Rettungsmaßnahmen durchgeführt werden sollen. Hätte er sich entscheiden müssen, hätte er sich aufgrund der völlig unklaren Lage am Pkw (und der äußerst geringen Überlebenswahrscheinlichkeit) für die Rettung des Lkw-Fahrers entschieden und damit den Fahrer des Pkw vorübergehend sich selbst überlassen (temporär aufgegeben).***

2. Grund:
das Risiko für die Retter in keinem Verhältnis zu der Wahrscheinlichkeit steht, die Menschenrettung erfolgreich abschließen zu können.

Beispiel:

Bei Eintreffen der Feuerwehr schlagen Flammen aus mehreren Fenstern eines Gebäudes. Im Gebäude wird noch eine Person vermisst. Die Person wurde kurz vor dem Flash-over an einem Fenster gesehen, aus dem jetzt die Flammen herausschlagen. Der Angriffstrupp erhält den Befehl »Zur Menschenrettung … in das Gebäude vor«. Schon nach wenigen Minuten sind alle noch nicht vom Feuer betroffenen Gebäudeteile abgesucht worden. Die Person konnte nicht gefunden werden. Inzwischen ist das Gebäude teilweise einsturzgefährdet, die Holzbalkendecken sind zum Teil schon durchgebrannt. Spätestens jetzt muss sich die Einsatzleitung bewusst machen, dass die Person nicht mehr zu retten ist und eine weitere »Menschenrettung« unter Inkaufnahme einer Gefährdung für die Einsatzkräfte nicht länger zu rechtfertigen ist. Wir haben es faktisch mit einer Leichenbergung zu tun. Dementsprechend ist zu verfahren.

Beispiel:

In Tirol wird eine Frau im Hochgebirge vermisst, die vermutlich Selbstmord begangen hat. Nachdem die Feuerwehr bereits einige Stunden gesucht hat, bricht die Nacht herein. Gleichzeitig zieht ein Unwetter auf. Im Hinblick auf die besondere Gefahrenlage bei Dunkelheit und Unwetter im Hochgebirge beschließt der Einsatzleiter die Suche vorerst abzubrechen und die Suchmannschaften abzuziehen. Die Suche wird erst am nächsten Tag, nachdem das Unwetter abgezogen ist, fortgesetzt. Nach einiger Zeit wird die vermisste Frau tot aufgefunden. Wie die Obduktion später ergibt, war sie bereits tot, als sich der Einsatzleiter für den Abbruch der Suche entschieden hatte.

Bild 47: ***Ein Einsatz im Hochgebirge wurde wegen der Witterung und der damit verbundenen Eigengefährdung unterbrochen, eine mutige aber richtige Entscheidung.***

Beispiel:

Die Feuerwehr wird zu einem Wohnungsbrand gerufen. In der Wohnung soll sich noch der Wohnungsinhaber befinden, der die Absicht hat, sich selbst zu verbrennen. Nachdem der Löschzug eingetroffen ist, versucht sich der Angriffstrupp Zugang zur Wohnung zu verschaffen. Er klingelt und klopft gegen die Tür. Plötzlich knallt es zweimal laut und die Tür weist zwei kleine Löcher auf. Offensichtlich schießt der Wohnungsinhaber durch die geschlossene Wohnungsabschlusstür. Der Angriffstrupp zieht sich zurück. Mithilfe der Wärmebildkamera wird versucht, herauszufinden, ob es in der Wohnung tatsächlich brennt. Das Ergebnis ist eindeutig. Die Kamera zeigt eine atypische Erwärmung der Wohnungsabschlusstür. Auch wenn mit bloßem Auge weder Feuer noch Rauch zu erkennen sind, in der Wohnung muss es brennen.

Bild 48: ***Spezialkräfte der Polizei bereiten sich auf die Stürmung der Wohnung vor. Zwei Trupps der Feuerwehr stellen dabei den Brandschutz sicher.***

Vor dem Haus beraten Feuerwehr und Polizei die weitere Vorgehensweise. Es wird beschlossen, das Haus sofort zu räumen, das Schussfeld vor der Wohnung weiträumig abzusperren, die Wohnung mit Wärmebildkameras zu beobachten und ansonsten auf das Eintreffen eines mobilen Einsatzkommandos der Polizei zu warten. Ausdrücklich wird mit der Polizei besprochen, dass diese Vorgehensweise im schlimmsten Fall den Tod der Person in der Wohnung bedeuten kann. Mit Rücksicht auf das Leben und die Gesundheit der Einsatzkräfte von Feuerwehr und Polizei wird der Tod des Wohnungsinhabers billigend in Kauf genommen. Er wird (vorübergehend) aufgegeben.

Glücklicherweise bleibt die Lage bis zum Eintreffen der Spezialeinheit stabil. Dieser gelingt es, sich Zugang zur Wohnung zu verschaffen. Sie wird dabei von zwei Trupps der Feuerwehr mit zwei angriffsbereiten C-Rohren aus der Deckung gegen eventuelle Gefahren durch das Feuer geschützt (▶ Bild 48). Der Wohnungsinhaber kann überwältigt werden. Es zeigt sich, dass er im Futter der Wohnungsabschlusstür ein kleines Feuer entfacht hatte, welches mit dem Kleinlöschgerät gelöscht werden kann. Damit war auch das Rätsel gelöst, warum einerseits die eindeutige Erwärmung der Tür gegeben war, sich umgekehrt aber über mindestens 30 Minuten hinweg das Feuer nicht weiter ausgebreitet hat.

Wir müssen grundsätzlich damit leben, unsere Entscheidungen auch vor Angehörigen, Medienvertretern, Politikern und gegebenenfalls auch Juristen verantworten zu müssen. Wir sollten uns darauf einstellen und vorbereitet sein. In schwerwiegenden Fällen oder wenn sich kritische Nachfragen abzeichnen, erscheint es sinnvoll, die vorgefundene Lage und die Beweggründe, die zu der Entscheidung geführt haben, schriftlich und nach Möglichkeit mit Uhrzeit festzuhalten. Wichtig ist, dass die Beweggründe zum Zeitpunkt der zu treffenden Entscheidung nachvollziehbar sind und in geeigneter Weise dokumentiert werden. Eine einfache Möglichkeit der Dokumentation bietet in vielen Fällen die qualifizierte Lagemeldung, die in der Leitstelle mit Datum und Uhrzeit aufgezeichnet wird.

3.1.4 So neu ist das eigentlich nicht …

»Die Einsatzleitung hat die Aufgabe, alle Maßnahmen zur Abwehr der Gefahren und zur Begrenzung der Schäden zu veranlassen. Insbesondere gilt es, die Einsatzkräfte möglichst wirkungsvoll an meist unbekannten Orten und nicht vollständig bekanntem und erkundetem Schadenumfang einzusetzen.« FwDV 100 Führung und Leitung im Einsatz

Möglicherweise erscheinen einige der Überlegungen, die bisher angestellt wurden, ungewohnt. Sie entsprechen dennoch in vollem Umfang den Vorgaben der Feuerwehrgesetze, unserer Dienstvorschriften und decken sich grundsätzlich mit den Inhalten der Taktikausbildung an den Landesfeuerwehrschulen. Insofern sind die in diesem Buch vorgestellten Überlegungen nicht neu. Altbewährtes bleibt erhalten. Allerdings führt die konsequente Anwendung der Inhalte der FwDV 100 in Verbindung mit einer atypischen Betrachtungsweise zu ungewohnten und vielleicht gewöhnungsbedürftigen Erkenntnissen.

Taktik hat bei der Feuerwehr einen sehr hohen Stellenwert. Die Fülle und Vielfältigkeit von Problemen, mit denen wir an Einsatzstellen häufig konfrontiert werden, zwingt uns systematisch zu denken. Dieses systematische Denken ist im Führungsvorgang beschrieben. Anhand konkreter Fragestellungen können Lösungen für alle denkbaren Probleme entwickelt werden.

Betrachten wir einige der entscheidenden Fragestellungen des Führungsvorgangs, mit denen wir uns gemäß FwDV 100 in der Beurteilungsphase auseinander zu setzen haben. Sie lauten:

- Welche Gefahren sind für Menschen, Tiere, Umwelt, Sachwerte erkannt?
- Welche Gefahr muss zuerst an welcher Stelle bekämpft werden?

In älteren Fassungen fand sich zudem noch die oftmals nicht uninteressante Frage:

- Wo ist der Gefahrenschwerpunkt?

Mit ein wenig Fantasie lässt sich erkennen, dass die im Kapitel ▶ »Beurteilung von Schäden« gestellten Fragen nach den bereits vernichteten beziehungsweise noch zu rettenden Werten und die Frage nach den Wertverlusten pro Zeiteinheit gestellt werden müssen, um auf die Fragen aus dem Führungsvorgang die richtigen Antworten geben zu können. Verzichten wir auf diese vielleicht ungewöhnliche Art der Fragestellung, sind Fehleinschätzungen häufig unvermeidbar.

Beispiel:

Die Feuerwehr wird zu einem Zimmerbrand gerufen. Vor Ort informiert sie der aufgeregte Hausbesitzer, dass er sich erst vor wenigen Tagen ein hochmodernes Tonstudio im Wert von mehr als 100 000 Euro eingerichtet hat. Die weitere Befragung des Hausbesitzers ergibt, dass sich das Tonstudio in dem Zimmer befindet, aus dem dichter schwarzer Rauch hervorquillt und Feuerschein erkennbar ist.

Für den Einsatzleiter stellt sich nun die Frage nach dem Gefahrenschwerpunkt. Da keine Menschen im Gebäude sind, muss er nur Gefahren für Sachwerte beurteilen. Natürlich ist er verunsichert durch den immensen Wert der technischen Ausstattung des Tonstudios. Er ist versucht, seine Maßnahmen auf das hochwertige Tonstudio zu konzentrieren. Hier gilt es, einen Wert von 100 000 Euro zu retten – meint er vielleicht.

Sachlich betrachtet muss davon ausgegangen werden, dass das Tonstudio mit seiner elektronischen Ausstattung längst einen Totalverlust erlitten hat. In diesem Studio gibt es nichts mehr zu retten. Es ist taktisch völlig belanglos. Es besteht für dieses Tonstudio keine Gefahr, da kein Schaden mehr entstehen kann (▶ Bild 49). Von daher darf dieses Tonstudio nicht im Zentrum unserer wirtschaftlichen/taktischen Überlegungen stehen. Wir müssen uns auf die Werte konzentrieren, die zwar einen geringeren Anschaffungspreis haben, aber vielleicht noch zu retten sind. Demnach darf es auch keinerlei Auswirkungen auf die Lagebeurteilung haben, wenn das Tonstudio sogar 500 000 Euro gekostet haben sollte.

Nicht der Anschaffungspreis einer Einrichtung ist ausschlaggebend für unsere Beurteilung, sondern der Wert der Einrichtung, der im günstigsten Fall erhalten werden kann.

Bild 49: ***Hochwertige elektronische Bauteile in diesem Raum – kein Problem für den Einsatzleiter. Selbst wenn noch irgendein Bauteil intakt sein sollte (was äußerst unwahrscheinlich ist), so wird es im Zuge der Löscharbeiten zerstört werden.***

Bild 50: ***Durch eine Riegelstellung ist der neben der brennenden Halle geparkte Lkw zu retten.***

Wenn es uns gelingt, die real nicht (mehr) existierenden Gefahren nicht mehr weiter zu betrachten, erkennen wir möglicherweise, dass die Lage gar nicht so dramatisch ist, wie zunächst vermutet. Außer einem möglichen Zeitgewinn, haben wir geistige Kapazitäten freigesetzt, die wir nun einsetzen können, um die Beantwortung der nächsten anstehenden Fragen anzugehen. Auch diese Fragen finden wir selbstverständlich in der FwDV 100:

- Welche Möglichkeiten bestehen für die Gefahrenabwehr?
- Vor welchen Gefahren müssen sich die Einsatzkräfte hierbei schützen?
- Welche Vor- und Nachteile haben die verschiedenen Möglichkeiten?
- Welche Möglichkeit ist die beste?

Das folgende Beispiel zeigt die Anwendung der FwDV 100 beziehungsweise den Denkprozess des Einsatzleiters bei einem klassischen Brandereignis.

Eine Lagerhalle brennt in voller Ausdehnung. Der Totalverlust ist bereits eingetreten. Es gibt keine (noch) zu rettenden Werte. Der stationäre Zustand ist eingetreten. Der vor der Halle stehende Lkw stellt hingegen ein hohes (noch) zu rettendes Gut dar.

Beurteilung: Gefahr durch Ausbreitung von Feuer auf den Lkw.
Keine Gefahr (mehr) für die Lagerhalle.
Entschluss: Die Halle wird aufgegeben – kein Angriff.
Schutz des Lkw durch Riegelstellung (▶ Bild 50).

Neu ist lediglich:

Was wir bei dieser Lage als selbstverständlich erachten, müssen wir konsequent auch auf andere Lagen übertragen. So selbstverständlich, wie es bei dieser Lage ist, den Lkw gegen das Übergreifen der Flammen zu schützen, so muss es auch selbstverständlich werden, wann immer möglich und sinnvoll, die Ausbreitung von Rauch, Ruß und Dreck auf noch nicht kontaminierte Bereiche zu vermeiden und auch sonstige vermeidbare Schäden auszuschließen.

Leider werden taktische Überlegungen häufig ausschließlich durch Erfahrungswerte ersetzt. Anstatt innovative Lösungen anzustreben, wird die Beantwortung der Fragen aus dem Taktikschema häufig durch Argumente wie:

»Das haben wir immer schon so gemacht.«

beziehungsweise:

»Das haben wir noch nie gemacht.«

umgangen. Viele unserer taktischen Fehler, viele der vermeidbaren Schäden sind einzig darauf zurückzuführen, dass wir uns scheuen, die entscheidenden Fragen immer wieder gewissenhaft zu stellen und zu beantworten und eigene Einsätze rückblickend einer kritischen Betrachtung zu unterziehen. Ehrlich betrachtet müssen wir feststellen, dass sich die Denk- und Vorgehensweise der Feuerwehren in Deutschland in einem völlig veränderten Umfeld über Jahrzehnte hinweg in vielen Bereichen kaum weiterentwickelt hat:

»Wir machen es so, wie wir es immer gemacht haben.«

Dem hält Charles Kettering entgegen:

»Wenn Du etwas so machst, wie Du es vor zehn Jahren gemacht hast, so sind die Chancen groß, dass Du es falsch machst.«

An den Landesfeuerwehrschulen werden Führungskräfte auf der Grundlage der FwDV 100 ausgebildet. Wenn sie die Schule verlassen, sind sie oft sehr gut über aktuelle Entwicklungen informiert. Leider nutzen viele Feuerwehren die sich hierdurch bietende Chance zu wenig und berufen sich stattdessen auf Standards, die zum Teil vor Jahrzehnten gelehrt wurden. Die Routiniers sind aufgerufen, den »Neuen« zuzuhören und sich Neuerungen gegenüber aufgeschlossen zu zeigen. Die »Neuen« wiederum sind aufgerufen, einerseits die Erfahrung der Routiniers zu würdigen, sich andererseits aber auch nicht davon abbringen zu lassen, für die Umsetzung neuer Standards in der eigenen Wehr zu kämpfen.

Ein Gruppenführer einer Freiwilligen Feuerwehr ist während eines Vortrages zu diesem Thema nachdenklich geworden. Ihm wurde plötzlich bewusst, dass er vor zehn Jahren an seiner Landesfeuerwehrschule doch richtig ausgebildet worden ist. Nun hat er sich vorgenommen, sich nicht mehr davon abhalten zu lassen, dieses Wissen auch endlich an der Einsatzstelle anzuwenden.

3.2 Einsatztaktik unter wirtschaftlichen Gesichtspunkten

Wir müssen vor jeder Maßnahme, die wir ergreifen, die verschiedenen Möglichkeiten erkennen, die bestehen, um mit den erkannten Gefahren umzugehen. Jede Möglichkeit muss auf ihre Vor- und Nachteile hin überprüft werden. So sieht es die FwDV 100 vor. Vereinfacht kann das Abchecken der verschiedenen Möglichkeiten auch mit folgenden Fragestellungen erfolgen:

– *Was passiert, wenn wir etwas machen?*
– *Was passiert, wenn wir etwas anderes machen?*

Beide Fragestellungen helfen letztendlich bei der Beantwortung der Frage nach der besten Möglichkeit. Eine Frage, die wir uns nur sehr selten stellen, uns aber häufiger selbstkritisch stellen sollten, ist die Frage:

Was passiert eigentlich, wenn wir gar nichts machen?

Diese Frage sollten wir uns immer wieder stellen, um sinnvolle, zielorientierte Vorgehensweise von blindem Aktionismus unterscheiden zu können. Es gibt eine ganze Reihe von Beispielen, wo es besser gewesen wäre, man hätte – zumindest vorübergehend – gar nichts gemacht. Viele Schäden hätten vermieden werden können, wenn man sich rechtzeitig bewusst gemacht hätte, dass sich im Prinzip sogar dann nichts geändert hätte, wenn man gar nicht ausgerückt wäre. Bei vielen Einsätzen, insbesondere bei Großbränden, nehmen wir uns und unsere Maßnahmen viel zu wichtig, riskieren Kopf und Kragen – für nichts.

Bild 51: ***Was würde passieren, wenn wir hier nichts machen würden? ... Der Bus würde ausbrennen und wäre völlig zerstört.***

Dass wir rechtliche Verpflichtungen hatten und deshalb ausrücken mussten, ist unbestritten und soll hier nicht diskutiert werden. Auch ökologische und politische Gründe können ein Handeln sinnvoll oder notwendig machen. Ebenso ist klar, dass häufig erst im Nachhinein erkennbar ist, dass der Aufwand völlig umsonst betrieben wurde. In vielen Fällen wäre es aber bereits im laufenden Einsatz zu erkennen gewesen, wenn man nur gewollt hätte. Und in diesen Fällen muss man die Nerven behalten und die richtigen Konsequenzen ziehen.

Beispiel:

Die Berliner Feuerwehr wird in den frühen Abendstunden zu einem Wohnungsbrand gerufen. Es brennt eine Wohnung in einem alten Mehrfamilienhaus. Mehrere Menschen sind im Gebäude. Das ▶ Bild 52 zeigt die Situation im Treppenraum bei Eintreffen der Feuerwehr. Flammen und Rauch dringen durch die geöffnete Wohnungsabschlusstür in den Treppenraum, in dem sich mit einer alten Holztreppe reichlich Brandlast befindet. Die bedrohliche Lage kann mit einem C-Rohr schnell unter Kontrolle gebracht werden. Mehrere Bewohner müssen jedoch beruhigt werden, der Treppenraum ist für sie nicht mehr passierbar. Bemerkenswert ist, dass die Tür geschlossen und intakt war, als die Polizei das Haus erreichte. Ein Polizeibeamter war es, der die Tür eintrat, um einen Löschangriff mit einem 2-kg-Pulverlöscher aus dem Streifenwagen vornehmen zu können. Er hätte sich diese Maßnahme schenken können. Er wäre besser beraten gewesen, die Tür zuzulassen und nichts zu unternehmen oder etwas Sinnvolles zu tun (z. B. den Streifenwagen vor dem Haus wegfahren). Seine Maßnahme trug zu einer wesentlichen Verschärfung der Lage bei, die nur deswegen glimpflich verlief, weil der Löschzug der Feuerwehr kurz darauf eintraf.

Bild 52: ***Die Wohnungsabschlusstür war zunächst geschlossen. Der Versuch eines Polizisten, den Brand vor Eintreffen der Feuerwehr mit einem 2-kg-Pulverlöscher zu bekämpfen, trug erheblich zur Verschärfung der Lage bei.***

Auch wenn dieses Beispiel das Fehlverhalten eines Polizisten aufzeigt, so sollten wir uns bewusst machen, dass es auch in unseren Reihen Leute gibt, die lieber etwas falsch machen, als nichts zu machen. Manchmal tun sie es, weil ihnen die Ausbildung und das Fingerspitzengefühl fehlt. Manchmal tun sie es jedoch auch mehr oder minder bewusst, um ihren Tatendrang zu befriedigen und sich abreagieren zu können. Wir müssen versuchen, unsere Einsatzkräfte im Vorfeld zu sensibilisieren und unsere Kolleginnen/Kollegen und Kameradinnen/Kameraden zum Umdenken zu bewegen. Wir müssen ihnen klarmachen, was unsere Ziele sind. Sie müssen sich mit diesen Zielen identifizieren und stolz auf deren Erreichen sein. Der Betroffene vertraut zu Recht darauf, dass sich unsere Maßnahmen ausschließlich an seinen Interessen orientieren: Hierfür zu sorgen, ist Aufgabe der Führungskräfte.

»Gott zur Ehr, dem Nächsten zur Wehr.«

Auch wenn es in diesem Buch überwiegend um die Vermeidung von Rauchschäden geht, soll an dieser Stelle ein kurzer Schwenk zu Wasserschäden und deren Vermeidung eingefügt werden. Auch Wasserschäden gehören zu den Schäden, die im Zusammenhang mit Brandereignissen entstehen können. Ihre Vermeidung gehört demnach nach Feuerwehrgesetz zu unseren Pflichtaufgaben. Wasserschäden lassen sich vermeiden, indem die Löschwassermenge auf das notwendige Maß reduziert wird. Zusätzlich können Löschwasserschäden vermieden oder minimiert werden, indem

- Löschwasser rechtzeitig mit Industriesaugern, Schwämmen usw. aufgenommen wird,
- bedrohte Objekte abgedeckt oder in Sicherheit gebracht werden.

Diese Maßnahmen können (und sollten) in vielen Fällen schon parallel zu den Maßnahmen der Brandbekämpfung oder unmittelbar im Anschluss an die Löscharbeiten durchgeführt werden. Maßnahmen zur Vermeidung von Löschwasserschäden gebührt die gleiche Priorität wie Maßnahmen der Brandbekämpfung – schließlich ist es dem Kunden letztlich egal, ob seine Wohnung durch Feuer oder Wasser zerstört worden ist.

3.3 Unsere Vorgehensweise – eine kritische Analyse

3.3.1 Was tun wir?

1. **Angreifen**
   Die Einsatztaktik der deutschen Feuerwehren ist offensiv ausgerichtet. Wir sind auf Angriff eingestellt. Unser Hauptaugenmerk ist auf das Feuer gerichtet. Wir sind bemüht, es schnellstmöglich zu löschen.
   Wir versuchen, so dicht wie möglich an das Feuer heranzukommen, um es gezielt bekämpfen zu können. Zu diesem Zweck bevorzugen wir grundsätzlich den Innenangriff, wann immer er möglich ist.
2. **Angriff über Treppenräume und Flure**
   Als Angriffsweg bevorzugen wir Treppenräume und Flure. Wir benutzen die Wege, die auch die Hausbewohner normalerweise benutzen. Diese Wege sind sicher und bequem. Der Angriff über Treppenräume und Flure hat zudem den Vorteil, dass wir zwangsläufig auf Menschen stoßen, die auf der Flucht vor dem Feuer eben diese Wege benutzen. Somit kontrollieren wir bei unserem Vormarsch nebenbei den vermeintlichen Fluchtweg der Betroffenen.

Bilder 53a und b: ***Unsere klassischen Angriffswege führen über Treppenräume und Flure. Sofern allerdings die Gefahr besteht, dass Treppenräume und Flure im Zuge des Vorgehens verraucht werden können, sind die hieraus resultierenden Nachteile zu berücksichtigen und gegen die Vorteile aufzuwiegen (FwDV 100: Welche Vor- und Nachteile haben die verschiedenen Möglichkeiten?).***

3. **Umfassend angreifen**
   Wenn sich eine Möglichkeit ergibt und das Schadenausmaß es sinnvoll erscheinen lässt, praktizieren wir den umfassenden Angriff. Von mehreren Seiten versuchen wir den Feind – das Feuer – in die Zange zu nehmen, um es schnellstmöglich löschen zu können.
4. **Überdruckbelüfter einsetzen**
   Seit einigen Jahren setzen wir verstärkt die Technik der Überdruckbelüftung ein. Diese soll uns helfen, zum Brandherd vorzudringen, das Feuer besser lokalisieren zu können und Wärme und Rauch aus dem Gebäude zu verdrängen.

Bild 54: ***Durch Lüftungsmaßnahmen, insbesondere mit Geräten zur maschinellen Entrauchung, können bei unsachgemäßer Vorgehensweise erhebliche Schäden verursacht werden.***

5. **Lüften, lüften, lüften**
   Überhaupt sind wir Freunde des Lüftens. Wir lüften, wo immer sich eine Gelegenheit dazu bietet.

3.3.2 Was tun wir selten oder nie?

1. **Stabilisierung des vorgefundenen Zustandes**
   Wir beschränken uns nur selten darauf, die vorgefundene Lage zu stabilisieren. Diese Methode wird im Ausland wesentlich häufiger praktiziert und zum Beispiel im RISC-Trainingszentrum intensiv geschult (▶ Bild 55). Immer wieder weisen die Trainer darauf hin, sich nicht vom Feuer irritieren zu lassen, sondern sich auf die eigentlichen Probleme zu konzentrieren. »Kühlen und Stabilisieren« heißt ihr monotoner Spruch. Sie wollen primär das Ausschalten der Gefahren der Ausbreitung, der Explosion usw. sehen. Zunächst soll die Gefahrenquelle »eingehaust« – also isoliert – werden. Erst danach werden in aller Ruhe Überlegungen angestellt, die Gefahrenursache zu beseitigen.

Bild 55: ***Das Training bei RISC: Brand in einer Prozessanlage. Die ersten Maßnahmen beschränken sich auf die Bekämpfung der Explosionsgefahr, auf die Stabilisierung des vorgefundenen Zustandes. Die Brandbekämpfung erfolgt erst zu einem späteren Zeitpunkt.***

Wichtig ist bei dieser Vorgehensweise, die Gefahrenquelle als einen Körper mit sechs Seiten zu betrachten und die Wirkung der Gefahr in alle sechs Richtungen zu berücksichtigen.

Bild 56: ***Der Ausbilder demonstriert an der Cheshire-Box das Einhausen des Brandes, indem er eine Klappe vor die einzige Öffnung des Brandraums drückt. Mit dem »Schließen der Tür« verhindert er den Austritt der Flammen.***

2. **Auch mal etwas aufgeben**
   Wir geben selten etwas auf. Mitunter kämpfen wir zu lange um Dinge, um die es nicht mehr zu kämpfen lohnt. Dabei verschwenden wir wertvolles Potenzial und setzen falsche Schwerpunkte. Wir müssen uns auf das Erreichen realisierbarer Ziele konzentrieren.
3. **Den Angriff in Ruhe vorbereiten**
   Nur selten wird der eigentliche Angriff in Ruhe vorbereitet. In der Regel erfolgt er unter Zeitdruck, manchmal unter Nichtbeachtung unserer eigentlichen Ziele und des Grundsatzes der Verhältnismäßigkeit.
   Wie ein Angriff in Ruhe vorbereitet wird und welche Vorteile dies bringen kann, wird in einem gesonderten Abschnitt in ▶ Kapitel 4.3.1 beispielhaft erläutert.
4. **Alternative Angriffswege nutzen**
   Wir tragen unseren Angriff fast ausschließlich über die klassischen Angriffswege Treppenraum und Flur vor und übersehen häufig, dass es auch alternative Angriffswege gibt. Diese alternativen Angriffswege erlauben uns in vielen Fällen, die Brandbekämpfung durchzuführen, ohne

dabei eine Reihe von entscheidenden Nachteilen in Kauf nehmen zu müssen.

5. **Der »qualifizierte Außenangriff«**
Eine weitere Möglichkeit, ein Feuer zu bekämpfen, ist fast in Vergessenheit geraten, der Außenangriff. Er wird fast nur bei ausweglosen Lagen angewandt, wenn ein Innenangriff nicht mehr möglich oder zu gefährlich erscheint. Diese Einstellung zum Außenangriff muss überdacht werden. Es gibt durchaus Situationen, in denen ein »qualifizierter Außenangriff« das Mittel der Wahl sein sollte. Der qualifizierte Außenangriff hat nichts mit der Bekämpfung eines Zimmerbrandes im zweiten Obergeschoss mittels B-Rohr vom Gehweg aus zu tun. Gemeint ist vielmehr bei Bränden in oberen Geschossen der gezielte Löschangriff vom Korb einer Drehleiter aus. Bei Zimmerbränden im Erdgeschoss kann beispielsweise von der Terrasse her gearbeitet werden. Geschlossene Türen können während der Löscharbeiten ihre Funktion als Rauchbarriere beibehalten.

Bild 57: ***Ein Angriff von außen kann dazu dienen, den Brand abschließend zu bekämpfen oder einen nachfolgenden Innenangriff zu vereinfachen.***

Durch den Außenangriff kann dem Feuer auf einfache Art Energie entzogen werden, wodurch die Reaktionsgeschwindigkeit der Verbrennung gedrosselt und die Wärmefreisetzung reduziert wird. In der Folge sinkt die Temperatur im Brandraum und die thermische Beanspruchung

der Bauteile wird verringert. Selbst wenn der Brand nicht ausschließlich im Außenangriff bekämpft werden kann, so macht ein solcher Angriff Sinn, da er den nachfolgenden Innenangriff erleichtern und sicherer machen kann.
Vorsicht ist geboten, wenn gleichzeitig von innen und außen angegriffen wird. Durch das von außen aufgebrachte Wasser besteht im Raum Verbrühungsgefahr. Hier bedarf es der Abstimmung zwischen den Trupps, eine klassische Aufgabe eines Einheitsführers oder Einsatzleiters. Übrigens: Ein Feuer in einem geschlossenen Raum birgt die Gefahr einer Rauchgasexplosion bei Sauerstoffzufuhr. Wenn es möglich ist, ein Fenster des Brandraumes aus der Deckung heraus zu zerstören, bevor die Tür geöffnet wird, erfolgt die Zündung der Pyrolysegase an der Außenfassade. Dies ist einer unkontrollierten Durchzündung im Gebäude und über den Köpfen unserer Feuerwehrangehörigen sicherlich vorzuziehen. Auch bei dieser Maßnahme ist die Abstimmung mit dem Trupp im Innenangriff zwingend. Er sollte nicht vor der Tür stehen und keinesfalls die Tür in dem Moment öffnen, in dem von außen die Scheibe zerstört wird.

6. **Lüftungsmaßnahmen konkret planen**
Lüftungsmaßnahmen werden häufig nicht durchdacht und geplant. So werden Fenster und Türen geöffnet, um den Rauch aus dem Gebäude zu entfernen. Kommt es dabei zu einer Luftströmung, die Rauch und Rußpartikel beispielsweise aus der ausgebrannten Küche durch das bisher noch saubere Wohnzimmer hindurch ins Freie transportiert, ist eine Ausweitung des Schwarzbereiches und damit des Schadens zwangsläufig die Folge. Einfache Lüftungsmaßnahmen, die von der natürlichen Windrichtung gesteuert werden, können nicht durchgeführt werden, ohne die gerade vorherrschende Windrichtung zuvor festzustellen und zu berücksichtigen.
Bei größeren, unübersichtlichen Lagen kann es sinnvoll sein, den Rauch zunächst dort zu belassen, wo er gerade ist. Bevor mit der Belüftung, Entrauchung usw. begonnen wird, muss festgelegt werden, wohin der Rauch ziehen soll. Es müssen Problemstellen erkundet werden, durch die der Rauch in Weißbereiche entweichen kann. Wenn nötig, muss ein »Abschnittsleiter Entrauchung« unter Zuhilfenahme von Skizzen oder Plänen festlegen, wo Lüfter platziert, Lüftungsöffnungen geschaffen und Türen usw. geschlossen werden müssen. Ebenso muss unter Umständen, bevor mit der mechanischen Entrauchung begonnen wird, geprüft werden, ob das Gebäude über Lüftungs- und Klimaanlagen verfügt. Erzeugen

wir nämlich mit unseren Lüftern eine Druckerhöhung im Raum, so kann es passieren, dass Zuluft- zu Abluftleitungen werden und demzufolge eine Rauchausbreitung über die Lüftungsanlage droht. Ähnlich gestaltet sich die Problematik, wenn mit Überdruckbelüftern der Luftdruck im bereits verrauchten Treppenraum erhöht wird. Das hierdurch zunehmende Druckgefälle zu angrenzenden Wohnungen kann dazu führen, dass Rauch in zuvor noch rauchfreie Wohnungen gepresst wird.

3.4 Dem Druck der Öffentlichkeit standhalten

Wenn Feuerwehren tätig werden, ziehen sie Schaulustige und Medienvertreter geradezu magisch an. Durch diese Präsenz der Öffentlichkeit fühlen sich die Feuerwehrangehörigen häufig einem Druck ausgesetzt. Dieser Druck erzeugt bei vielen Einsatzkräften vermeintlich einen Zwang, etwas tun zu müssen. Versucht man, Feuerwehrangehörige dazu zu bewegen, ungewöhnliche Methoden anzuwenden, die von Außenstehenden nicht nachvollzogen oder falsch interpretiert werden könnten, so spürt man deutlich, wie groß dieser Druck durch die Öffentlichkeit empfunden wird.

Nicht wenige unserer Maßnahmen werden offensichtlich nicht gemacht, weil sie sinnvoll und zielorientiert sind, sondern weil sie von Politikern, Medienvertretern oder Schaulustigen erwartet werden. Solange durch die zusätzlichen Maßnahmen kein Schaden entsteht, ist dieses Verhalten noch zu tolerieren. Leider führt dieser Weg des geringsten Widerstandes jedoch zu vermeidbaren Schäden, die durch nichts zu entschuldigen sind. Wir müssen uns darüber bewusst sein, dass der Geschädigte unser Kunde ist. Wir arbeiten nicht für die Medien oder Schaulustigen, sondern für unsere Kunden, für die Menschen, die unsere Hilfe benötigen. Diese Leute haben Anspruch darauf, im Rahmen unserer Möglichkeiten optimal bedient zu werden.

Unsere Kunden sind die Betroffenen.

Im Bereich des Rettungsdienstes hat man sich erfolgreich dem Druck der Öffentlichkeit widersetzt, zugunsten einer optimierten Erstversorgung des Patienten. War es noch vor wenigen Jahren normal, dass ein Patient unmittelbar nach Eintreffen des Rettungsmittels in dieses eingeladen und unverzüglich ins Krankenhaus gebracht wurde, so hat sich diese Situation grundlegend gewandelt. Irgendwann kam jemand

Bild 58: ***Die Arbeit im Rampenlicht der Öffentlichkeit ist nicht immer einfach. Der dadurch resultierende Druck darf uns nicht von unseren Zielen abbringen lassen.***

auf die Idee, einen Notarzt an die Einsatzstelle zu entsenden, um dort qualifizierte präklinische Maßnahmen durchzuführen. Im Laufe der Zeit wurde es selbstverständlich, dass vor dem Abtransport eine umfassende Erstversorgung noch am Unfallort erfolgt (▶ Bild 59). Man spricht von der »Stabilisierung der Vitalfunktionen« und der »Herstellung der Transportfähigkeit«.

Auch der Rettungsdienst wurde häufig kritisiert, wenn der Rettungswagen »ewig« an der Einsatzstelle stand, anstatt endlich den Verletzten ins Krankenhaus zu bringen. Die Mitarbeiter des Rettungsdienstes haben sich nicht irritieren lassen und den Wandel vollzogen. Der Druck der Öffentlichkeit hat stark nachgelassen. Heute wird es als völlig normal empfunden, dass ein Notarzt zur Einsatzstelle kommt und umfangreiche Maßnahmen noch vor Ort getroffen werden. Die Zeiten des überhasteten Abtransportes von Schwerverletzten gehören der Vergangenheit an.

Dem aufmerksamen Leser wird nicht entgangen sein, dass auch im Bereich des Rettungsdienstes der Begriff der »Stabilisierung« eine große Rolle spielt. Zunächst wird der vorgefundene Zustand stabilisiert, der Patient in einen lebens- und trans-

Bild 59: ***Auch der Rettungsdienst hält dem Druck der Öffentlichkeit Stand und nimmt sich die Zeit, die erforderlich ist, um den Patienten zu stabilisieren und ihn auf den Transport vorzubereiten.***

portfähigen Zustand versetzt. Ist dies gelungen, ist der Zeitdruck deutlich geringer. Größere Entfernungen zu geeigneten Kliniken mit freien Kapazitäten können in patientengerechter, verhaltener Fahrweise zurückgelegt werden, weil die Lage zuvor stabilisiert worden ist.

3.5 Das Öffnen einer Tür – eine entscheidende taktische Maßnahme

Ein Trupp im Innenangriff nähert sich unter Atemschutz mit einem C-Rohr einer geschlossenen Tür, hinter der es möglicherweise brennt. Der Trupp verfügt über eine gute Ausbildung und kennt die »Spielregeln«, die ihm zum Thema »Öffnen einer Tür im Brandfall« beigebracht worden sind. Der Truppführer geht schulmäßig in die Hocke, nutzt die Wand neben der Tür als Deckung und öffnet die Tür. Der Truppmann hockt einige Meter vor der Tür, um unverzüglich Löschwasser in den Raum abgeben zu können (▶ Bild 60).

Bild 60: ***Routinemäßiges Öffnen einer Tür im Einsatz***

3

Diese aufwändige Vorgehensweise wurde trainiert, sie dient der Sicherheit der Feuerwehrangehörigen. Im Brandraum herrscht vermutlich ein Wärmestau. Zudem befinden sich in der Rauchschicht möglicherweise zündfähige Pyrolyseprodukte, die bei Sauerstoffzufuhr unter Stichflammenbildung durchzünden können. Dies alles haben die vorgehenden Feuerwehrangehörigen gelernt und berücksichtigen es bei ihrer schulmäßigen Vorgehensweise.

Unsere Feuerwehrangehörigen arbeiten in der Regel schulmäßig – aber haben sie wirklich an alles gedacht? Nein, denn in vielen Fällen berücksichtigen unsere vorgehenden Trupps ganz entscheidende Dinge nicht, wenn sie im Zuge ihrer Angriffsbemühungen Türen öffnen. Sie denken an den möglichen Flash-over, Roll-over oder Backdraft, an die eigene Sicherheit, an den bevorstehenden Löschangriff, aber sie begreifen die bevorstehende Maßnahme nicht als ganz wesentlichen Eingriff in den vorgefundenen Zustand. Sie begreifen die Maßnahme »Öffnen einer Tür« nicht als möglicherweise entscheidende taktische Maßnahme, die über Erfolg oder Misserfolg unseres Einsatzes entscheiden kann. Eine Maßnahme, die daher im Einzelfall einer besonderen Überlegung bedarf.

Bild 61: ***Ein guter Schachspieler zeichnet sich dadurch aus, dass er mögliche Aktionen seines Gegners bereits im Vorfeld erahnt und berücksichtigt. Unser Gegner ist das Feuer. Versuchen wir, gute Schachspieler zu sein.***

Dabei ist uns die Bedeutung der geschlossenen Tür im Brandfall sehr wohl bewusst. So sind selbstschließende Türen ein wesentliches Instrument des vorbeugenden baulichen Brandschutzes und bei Veranstaltung und Schulungen werden wir nicht müde, unsere Gäste darauf hinzuweisen, dass sie im Brandfall die Türen schließen sollen.

Wir müssen unsere Trupps darauf trainieren, dass sie sich, bevor sie eine Tür öffnen, folgende Fragen stellen:

- Was passiert, wenn wir diese Tür öffnen?
- Müssen wir diese Tür öffnen?
- Müssen wir diese Tür *jetzt* öffnen?
- Können wir noch etwas tun, um die Auswirkungen zu reduzieren?

Bild 62: ***Eine geschlossene Tür. Im Brandfall ein wichtiger Trumpf, der nicht leichtfertig verspielt werden sollte.***

3.5.1 Was passiert, wenn wir diese Tür öffnen?

Der Trupp muss erkennen, dass neben der Gefahr der Rauchgasdurchzündung auch noch ganz entscheidende Dinge geschehen, die er bei seiner bisherigen Überlegung kaum berücksichtigt hat. Jede Tür erfüllt im geschlossenen Zustand im Brandfall ganz wesentliche Aufgaben. Sie hält die Flammen zurück und reduziert die Sauerstoffzufuhr zum Feuer. Sie hält vor allem auch Brandrauch zurück, hilft Treppenräume und sonstige Rettungswege rauchfrei und damit begehbar zu halten. Sie trennt wirkungsvoll verrauchte von nicht verrauchten Bereichen.

Öffnen wir die Tür zum Brandraum, so gelangen große Mengen Brandrauch in Bereiche, die zuvor noch rauchfrei waren. Dieser Tatsache müssen sich die Feuerwehrangehörigen bewusst sein, wenn sie eine Tür öffnen.[5]

---

5 Die frühere Vorgehensweise der deutschen Feuerwehrangehörigen, die sich im Innenangriff üblicherweise mit dem Gesicht nach unten beziehungsweise mit Blick nach vorne bewegten, trug mit dazu bei, dass sie die Rauchausbreitung und die Entwicklungen im Deckenbereich über ihren Köpfen kaum wahrnehmen konnten. Genau aus diesem Grund bewegen wir uns besser in einer Art Kriechgang. Wir sind in der Hocke, der Rücken ist jedoch weitgehend aufrecht. Dies erlaubt uns, die Vorgänge an der Decke zu beobachten, während wir uns auf das Feuer zubewegen. So können wir auch Flammenbildungen in der Rauchfahne als erste Hinweise auf einen bevorstehenden Flash-over rechtzeitig wahrnehmen und entsprechende Gegenmaßnahmen einleiten.

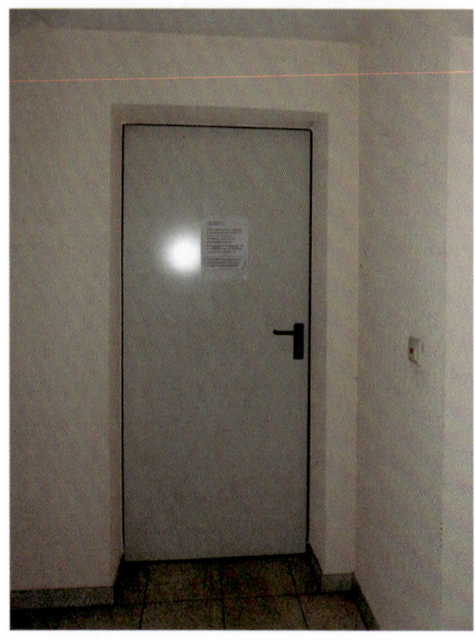

Bild 63a–c: ***Im Übergang von Tiefgaragen zu Treppenräumen werden Rauchschleusen eingebaut, um eine Rauchausbreitung zu verhindern. Wird der Angriff über eine solche Schleuse vorgetragen, verliert diese ihre Wirkung. Die Bilder zeigen die beiden Türen einer solchen Schleuse, die im Brandfall geschlossen geblieben ist und auf diese Weise ihre Funktion bei einem Brand von mehreren Pkw in der Garage erfüllen konnte.***

3.5.2 Müssen wir diese Tür öffnen?

Wir öffnen manchmal Türen, die nicht geöffnet werden müssten und nehmen damit grundlos die Probleme der unkontrollierten Ausbreitung des Brandrauchs in Kauf. Wir müssen uns fragen, ob es eventuell alternative Angriffswege gibt. Vielleicht lässt sich das angestrebte Ziel auch realisieren, ohne die Tür öffnen zu müssen.

In einzelnen Fällen erkennen wir möglicherweise auch, dass die zu erwartenden Wertverluste beim Öffnen der Tür ungleich größer sind, als alle durch die Brandbekämpfung überhaupt noch zu rettenden Werte im Brandraum und entschließen uns, das Feuer lediglich »einzuhausen« und den Raum kontrolliert ausbrennen zu lassen. Eventuell besteht auch die Möglichkeit, den Brand bei geschlossener Tür – beispielsweise mit einem FogNail oder dem Löschsystem Cobra – zu bekämpfen.

3.5.3 Müssen wir diese Tür *jetzt* öffnen?

Sofern der Trupp zu der Erkenntnis gelangt, dass er die Tür unbedingt öffnen muss, so sollte er prüfen, wie zeitrelevant sein Eindringen in den Brandraum ist. Muss tatsächlich sofort vorgegangen werden oder kann eine Verzögerung des Angriffs für einige Minuten in Kauf genommen werden? Sollte dies der Fall sein, so drängt sich die nächste Frage auf:

3.5.4 Können wir noch etwas tun, um die Auswirkungen zu reduzieren?

Mit der ersten Frage haben wir uns bewusst gemacht, was passiert, wenn wir die Tür öffnen. Wir kennen oder ahnen die Auswirkungen unseres Tuns. Sofern wir vorhaben, die Tür zu öffnen oder nicht ausschließen können, dass die Tür später geöffnet werden muss, sollten wir uns – wann immer möglich – die Zeit nehmen, um die zu erwartenden Folgen in ihrer schädigenden Wirkung einzugrenzen. Wir sollten den Angriff in Ruhe vorbereiten (▶ Kapitel 4.3.1).

3.6 Wir haben eine Tür geöffnet – was sind die Konsequenzen?

Eine Tür kann wesentlich dazu beitragen, dass Rauchgase zurückgehalten werden. Wird eine solche Tür, die eine Rauchgrenze markiert, unvorbereitet geöffnet, ist mit folgenden Konsequenzen zu rechnen:

- Der Rauch breitet sich unkontrolliert aus.
- Rettungswege werden unpassierbar.
- Menschen geraten unter Umständen in Gefahr.
- Menschen werden verunsichert.
- Angriffs- und Rückzugswege werden länger.
- Die Lage wird unübersichtlich.
- Sachschäden steigen sprunghaft an.

Bild 64: ***Eine Verrauchung des Treppenraums führt zu einer Blockade eines baulichen Rettungsweges. Durch die Kontamination sind nach dem Brand die angeschlossenen Wohneinheiten nicht mehr zu erreichen.***

Bild 65: ***Wenn wir nicht versuchen, mögliche Reaktionen unseres Gegners im Vorfeld zu erkennen, gleicht unsere Vorgehensweise eher einem Würfelspiel. Ständig lassen wir uns überraschen, Erfolg und Misserfolg hängen oft von Zufällen ab.***

Die meisten der aufgeführten Punkte finden sich in den Beispielen der vorangegangenen Kapitel bereits wieder. Auf die übrigen Punkte wird in den folgenden Kapiteln eingegangen, wenn Lösungsansätze aufgezeigt werden, die uns helfen können, unsere Ziele in Bezug auf die Brandbekämpfung zu erreichen, ohne dabei die oben geschilderten Nachteile und Gefahren in Kauf nehmen zu müssen.

Alle Einsatzkräfte müssen sich die möglichen Auswirkungen bewusst machen. Insbesondere die Truppführer der vorgehenden Trupps sind gefordert. Bis der Einsatzleiter, der vor dem Objekt steht, bemerkt, dass eine Tür geöffnet wurde, sind einige der unter Umständen vermeidbaren Auswirkungen schon eingetreten. Wenn wir zielorientiert arbeiten wollen, müssen wir daher auch unsere Truppführer entsprechend qualifizieren und sensibilisieren. Sie sind es, die die richtigen Überlegungen anstellen müssen, bevor sie die weit reichende Entscheidung treffen, beispielsweise eine Tür zu öffnen und damit die Rauchgrenze zu verlagern.

Beachtenswert bei der Auflistung der möglichen Auswirkungen ist im Übrigen, dass eine mögliche Zunahme der Sachschäden nur ein Punkt von vielen ist. Es sei nochmals betont, dass es nicht nur um Sachschäden, sondern auch um Sicherheitsaspekte für die Hausbewohner und für die eigenen Einsatzkräfte geht.

Beispiel:

Wir wollen eine Wohnungstür im 2. Obergeschoss öffnen und haben uns schulmäßig auf das Öffnen der Tür vorbereitet. Gerade als wir die Tür zur Brandwohnung öffnen wollen, hören wir Stimmen im Treppenraum. Wir schauen auf und sehen zwei ältere Damen, die uns vom Treppenpodest des 3. Obergeschosses zuschauen. Was wird wohl geschehen, wenn wir nun die Tür öffnen? Nun, die Damen werden bald nicht mehr viel sehen und – sofern sie keine Atemschutzgeräte tragen, wovon auszugehen ist – toxische Rauchgase inhalieren. Dies ist schon jetzt absehbar. Was spricht dagegen, nach kurzer Abstimmung mit dem Gruppenführer die Damen ins Freie zu geleiten, bevor die Wohnungstür geöffnet wird? Auch wenn es vermutlich niemand so empfinden wird, auch diese Maßnahme lässt sich als Menschenrettung durch (rechtzeitiges) in Sicherheit bringen einstufen.

Natürlich können wir uns im geschilderten Fall auch nur auf die Wohnung konzentrieren und die Wohnungstür öffnen, ohne uns um die Personen im Treppenraum gekümmert zu haben. Die Menschenrettung der Damen können wir auch noch zu einem späteren Zeitpunkt durchführen. Wegen der Verrauchung werden wir ihnen dann eine Fluchthaube überziehen müssen. Wir werden sie auch dem Rettungsdienst übergeben, sie haben schließlich Rauchgase inhaliert und sicherlich auch Angst gehabt.

Auch wenn die Variante dann besser (spannender) aussehen mag und wir uns vielleicht sogar besser fühlen (»Helden des Alltags«) – haben wir im Rahmen unseres gesetzlichen Auftrags und im Sinne unserer Kunden (der älteren Damen) gearbeitet?

4 Lösungsansätze

4.1 Der alternative Angriffsweg

Die Hausbewohner betreten ihr Gebäude auf gewohnten Pfaden. Sie gelangen über den Treppenraum zu ihren Wohnungen und in den Keller. Kommt es zu einem Brand im Keller, so erwarten sie uns auf der Straße und weisen uns den Weg.

Die Hausbewohner sind brandschutztechnische Laien. Von daher ist es verständlich, dass sie uns den Weg weisen, den sie üblicherweise nehmen, um in den Keller zu gelangen. Wir hingegen sind Fachleute und müssen erkennen, dass dieser Weg in der momentanen Situation unter Umständen nicht ideal ist. Ist bei einem Kellerbrand die Kellerabschlusstür geschlossen und der Treppenraum noch weitgehend rauchfrei, so ist zu prüfen, ob man nicht auch über eine außen liegende Treppe den Angriff in den Keller vortragen kann, ohne die Kellerabschlußtür öffnen zu müssen. Es gilt, mögliche alternative Angriffswege zu erkunden und bei entsprechender Eignung auch zu nutzen (▶ Bild 66). In vielen Fällen ergeben sich hierdurch sehr gute Möglichkeiten, um Schäden zu vermeiden.

4

Bild 66: ***Ein außen liegender Kellerabgang kann bei Kellerbränden ein alternativer Angriffsweg sein, der den Zugang in den Keller eines Mehrfamilienhauses ermöglicht, ohne dabei die Tür zum Treppenraum öffnen zu müssen.***

Obwohl sehr viele Häuser über solche alternativen Wege verfügen, wird bei Kellerbränden der Angriff in der Regel über den Treppenraum vorgetragen.

Bei Bränden im Erdgeschoss von Wohnhäusern steht oft der alternative Angriffsweg »Terrasse« zur Verfügung (▶ Bild 67). Brennende Zimmer an dieser Terrasse können problemlos zunächst im »qualifizierten Außenangriff« begehbar gemacht und anschließend durch die Terrassentür betreten werden. Die Brandbekämpfung inklusive der Nachlösch- und Aufräumungsarbeiten können ausschließlich über die Terrasse durchgeführt werden. Die Wohnung bleibt sauber.

Natürlich muss parallel zum Angriff über den alternativen Angriffsweg ein Trupp den klassischen Angriffsweg unter Atemschutz und mit Wasser am Rohr erkunden. Allerdings nur bis zur Rauchgrenze. Dort übernimmt der Trupp die Funktion des Beobachters. Er greift nur ein, wenn das Feuer sich in seine Richtung auszubreiten droht oder er eine klare Handlungsanweisung zum Öffnen der Tür erhält.

Bild 67: ***Bei Bränden in Einfamilienhäusern bietet sich der Zugang über die Terrasse als Alternative an. Dies macht Sinn, wenn es z. B. im Wohnzimmer brennt und die Wohnzimmertür geschlossen ist. In der Regel lässt sich die Terrassentür auch viel leichter überwinden, als eine verschlossene, moderne Haustür.***

Bild 68: ***Auch die Brandbekämpfung über die Außenfassade kann als alternativer Angriffsweg verstanden werden. Er führt oft als stabilisierende Maßnahme zu einem schnellen Teilerfolg, mit dem die Temperaturen im Brandraum gesenkt und der Flammenaustritt/Flammenüberschlag unterbunden werden kann. Wahlweise kann der abschließende Löschangriff anschließend als Innenangriff über die klassischen Angriffswege oder von außen über die Drehleiter vorgetragen werden.***

Beispiel:

In einem Einfamilienhaus in Kehl brennt die Küche im Erdgeschoss. Von außen ist schon erkennbar, dass es sich um einen fortgeschrittenen Brand handelt. Der erste Trupp geht klassisch durch die Haustür vor und bewegt sich in Richtung der Küche. Der Truppführer meldet, dass die Küchentür geschlossen ist. Die Feuerwehr, die die in diesem Buch vorgestellten Überlegungen in einem Vortrag kennen gelernt hat, entschließt sich, die Küchentür geschlossen zu halten und den Brand von außen zu bekämpfen. Der Angriffstrupp verharrt vor der geschlossenen Küchentür.

Von außen wird ein C-Rohr vorgenommen. Sobald die Temperaturen im Raum es erlauben, steigt ein Trupp über ein Steckleiterteil durch das Küchenfenster ein und führt die Nachlöscharbeiten durch. Auch die Aufräumungsarbeiten werden über das Fenster bewältigt (▶ Bild 68). Die Küchentür bleibt geschlossen. Nach Abschluss der Arbeiten kann dem Besitzer ein fast vollständig intaktes Gebäude übergeben

werden, in dem er mit seinen drei Kindern ohne Unterbrechung wohnen kann. Der Besitzer, der sich während der Löscharbeiten eher kritisch äußerte (»Sind sie sicher, dass sie wissen, was sie da tun?«), zeigt sich angesichts der nicht vorhandenen Schäden außerhalb der Küche im Nachhinein beeindruckt und dankbar.

4.2 Gute Einsatzpraxis – diverse Lösungsansätze

Wenn wir die Bedeutung einer geschlossenen Tür erkannt haben, wird es uns leichter fallen, weniger Türen als bisher zu öffnen und stattdessen häufiger Türen zu schließen. Trotzdem müssen wir natürlich versuchen, an den Brandherd zu gelangen und das Feuer zu löschen, möglichst jedoch ohne dabei die nachteiligen Effekte in Kauf nehmen zu müssen.

Im Folgenden sollen nun beispielhaft sieben Vorgehensweisen vorgestellt und diskutiert werden, die Alternativen aufzeigen. Allerdings sollten wir nicht den Fehler machen, diese sieben Varianten als die Varianten anzusehen, die generell besser sind. Es sind lediglich Lösungsmöglichkeiten, die Mut machen sollen, über Alternativen nachzudenken. Sie sollen helfen, atypische Lösungsansätze anzudenken, zu trainieren und anzuwenden. Es bleibt den Einsatzkräften an der jeweiligen Einsatzstelle vorbehalten, die optimale Variante zu entwickeln und umzusetzen.

4.2.1 Ausgangslage

Wir gehen von einem aktiven Küchenbrand in einer Dreizimmerwohnung aus und wollen an diesem einfachen Beispiel diverse Möglichkeiten demonstrieren, die zu besseren Ergebnissen führen können. Es bedarf nicht viel Fantasie, um zu erkennen, dass sich diese Vorgehensweisen analog auch bei Bürogebäuden, Krankenhäusern, Industrieanlagen und sonstigen Gebäuden umsetzen lassen.

In unserem Fall ist bei Eintreffen der Feuerwehr an der Einsatzstelle die Küchentür geschlossen. Der Rest der Wohnung ist noch weitgehend rauchfrei und unversehrt. Aus dem geborstenen Küchenfenster tritt massiv Rauch aus, Feuerschein ist erkennbar. Menschen befinden sich laut Auskunft des Wohnungsinhabers nicht in der Wohnung (▶ Bild 69).

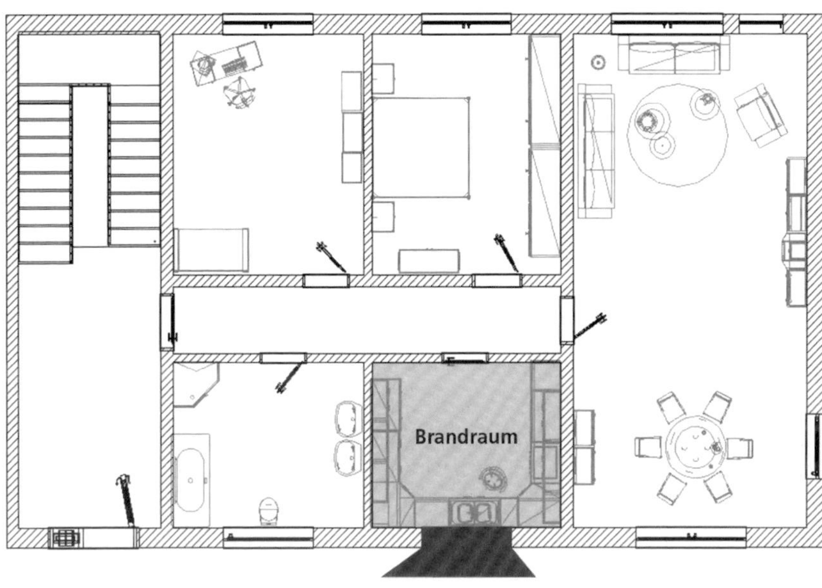

Bild 69: *Ausgangslage*

4.2.2 Klassische Vorgehensweise

Bei der klassischen Vorgehensweise konzentriert sich der vorgehende Trupp sehr stark auf das Feuer und versucht dieses so schnell wie möglich zu löschen. Er glaubt, damit den Interessen des Wohnungsinhabers zu dienen. Doch was passiert (▶ Bild 70)?

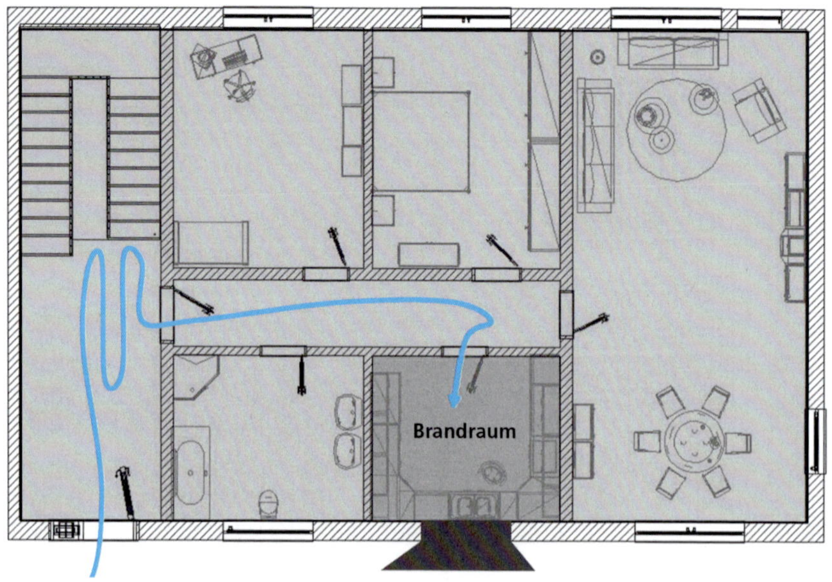

Bild 70: ***Das Ergebnis: Der Rauch kann sich auf die gesamte Wohnung sowie den Treppenraum ausbreiten.***

4.2.3 Gute Einsatzpraxis – Variante 1: Türen schließen

Diese Variante ist denkbar einfach und unterscheidet sich nicht wesentlich von der klassischen Vorgehensweise. Einziger Unterschied: Der Trupp schließt nach Betreten der Wohnung zunächst die Türen aller, nicht vom Brand betroffenen Bereiche, bevor er die Küchentür öffnet (▶ Bild 71). Diese Maßnahme erfordert kaum Zeit und ist von Jedermann ohne technisches Hilfsmittel umzusetzen. Im Prinzip setzen wir damit das um, was wir den Besuchern bei unserem Tag der offenen Tür empfehlen: »Schließen sie im Brandfall die Türen.« Analog sind natürlich Wohnungstüren oberhalb des Brandgeschosses zu schließen, wenn nach Öffnen der Wohnungsabschlusstür nicht ausgeschlossen werden kann, dass Rauch in den Treppenraum gelangt.

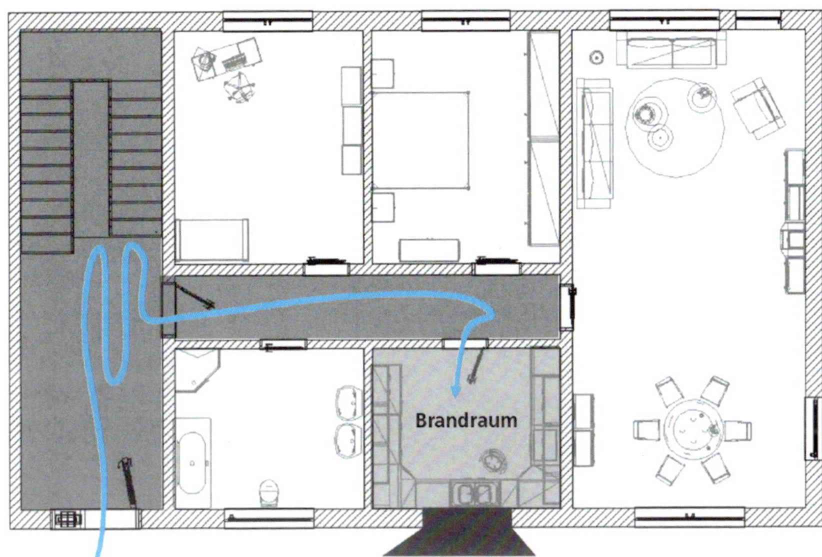

Bild 71: ***Der Aufwand ist denkbar gering. Weder technische Mittel noch besonderes Fachwissen sind erforderlich, um mit wenigen Handgriffen zumindest Teile der Wohnung gegen unnötige Schäden zu schützen.***

4.2.4 Gute Einsatzpraxis – Variante 2: qualifizierter Außenangriff

Der Angriffstrupp hat unter Pressluftatmer und mit Wasser am Rohr die Wohnung betreten. Er schließt alle Türen der nicht vom Brand betroffenen Zimmer und geht vor der Küchentür in Position. Der Truppführer informiert den Gruppenführer über die vorgefundene Lage und erhält die Anweisung, zunächst keine weiteren Schritte zu unternehmen und insbesondere die Küchentür zuzulassen. Der Gruppenführer befiehlt die Vornahme eines 2. Rohres von außen (▶ Bild 72).

Das Feuer wird durch die geborstene oder eingeschlagene Scheibe qualifiziert angegriffen und gelöscht. Die Tür zum Flur bleibt geschlossen. Alle Maßnahmen werden durch das Fenster durchgeführt. Die Zimmertür hat dem Feuer standgehalten, hat Wärme und Rauch zurückgehalten. Der Gefahr der Ausbreitung von Feuer und Rauch konnte erfolgreich begegnet werden. Das Schadenausmaß wurde auf den vorgefundenen Umfang beschränkt.

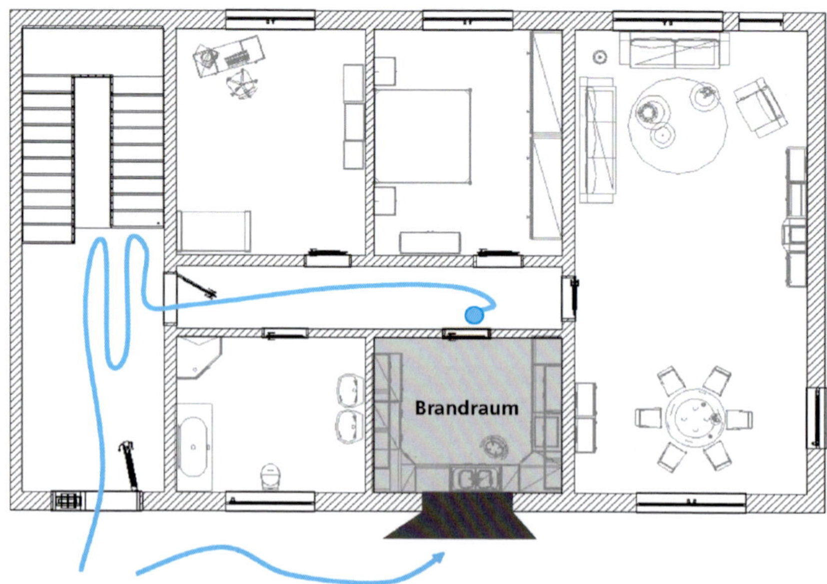

Bild 72: ***Ein qualifizierter Angriff von außen erlaubt es uns, die Tür zum Brandraum geschlossen zu halten. Bei umsichtiger Vorgehensweise muss hieraus kein größerer Wasserschaden resultieren.***

Da der erste Trupp klassisch über den Treppenraum vorgegangen ist, hat er den Fluchtweg kontrolliert. Eventuell geflüchtete Personen wären demnach wie bei der normalen Vorgehensweise gefunden worden.

Das größte Problem bei der Umsetzung dieser Variante dürfte der Anspruch an die Disziplin des Angriffstrupps sein. Erfahrungsgemäß wird es sehr schwer sein, einen Trupp vor einer Tür zurückzuhalten, hinter der es brennt. Es wird ein nicht unerhebliches Bestreben bei diesen Feuerwehrangehörigen vorhanden sein, die Tür zu öffnen und den Angriff auf das Feuer aufzunehmen. Viele Beispiele aus der Praxis belegen inzwischen aber, dass es sehr wohl möglich ist, auch diesen Schritt zu vollziehen.

Um zum Ziel zu kommen und diese Variante fahren zu können, muss Überzeugungsarbeit geleistet werden. Die Feuerwehrangehörigen müssen sich über ihre Ziele im Klaren sein und sich mit diesen Zielen identifizieren. Sie müssen erkennen und akzeptieren, dass es einzig darum geht, den Brandgeschädigten möglichst optimal zu helfen, auch wenn der klassische Angriff eine tolle Herausforderung für den Angriffstrupp dargestellt hätte.

Zu den Aufgaben der Führungskräfte wird es auch gehören, bei der Einsatznachbesprechung die Leistung des Angriffstrupps herauszustellen. Er hat einer Versuchung widerstanden und damit den Erfolg des Teams ermöglicht. Ihm gebührt Lob anstelle von Spott (»War ein schönes Feuer – schade, dass ihr es nicht gesehen habt«).

4.2.5 Gute Einsatzpraxis – Variante 3: Türen umgehen

Die Erkundung hat ergeben, dass die Wohnungsabschlusstür geschlossen und der Treppenraum noch rauchfrei ist. Ein direkter Einstieg in den Brandraum kommt aus Sicherheitsgründen nicht in Betracht. Möglicherweise ist das Fenster des Brandraumes auch gar nicht zu erreichen, sodass ein qualifizierter Angriff von außen ebenfalls nicht möglich ist.

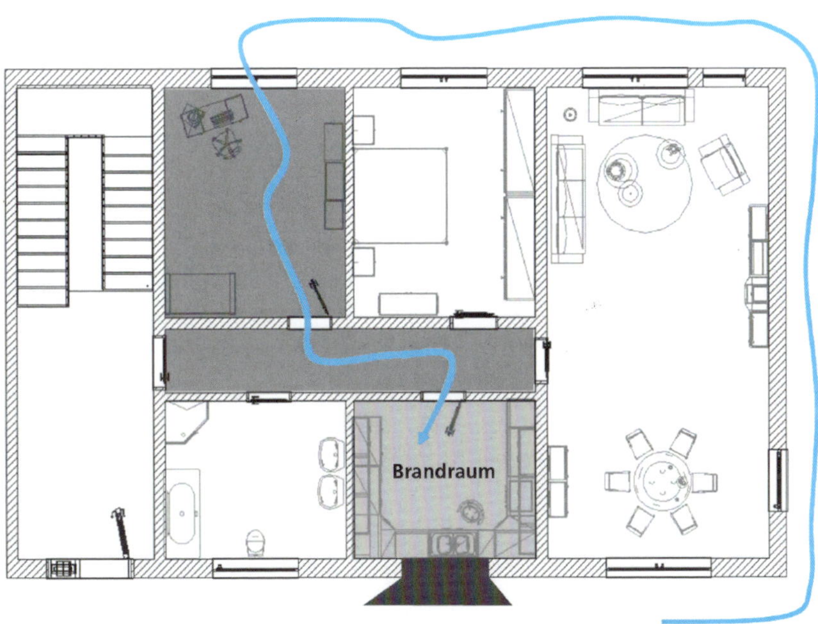

Bild 73: ***Durch Umgehen der Wohnungstür kann diese geschlossen bleiben. Eine Rauchausbreitung auf den Treppenraum findet nicht statt. Allerdings wird in diesem Beispiel das Kinderzimmer verraucht (»geopfert«), um den Treppenraum rauchfrei zu halten.***

Trotzdem lässt sich in vielen Fällen eine Möglichkeit finden, um in die Wohnung einzudringen, ohne die Wohnungsabschlusstür öffnen zu müssen.

Dabei steigt der Trupp durch ein Fenster in einen anderen, nicht brennenden Raum der Brandwohnung ein. Er hat somit die Wohnungstür mit Wasser am Rohr umgangen, befindet sich in der Brandwohnung und kann sich mit seinem C-Rohr in Richtung Brandstelle bewegen und die Brandbekämpfung aufnehmen, ohne hierzu die Wohnungstür geöffnet zu haben (▶ Bild 73). Der Treppenraum bleibt auf diese Weise rauchfrei.

Beispiel: Wohnungsbrand in einem hohen Haus

Im siebten Obergeschoss eines Wohnhauses in Kaiserslautern kommt es zu einem Wohnungsbrand. Der Angriffstrupp begibt sich unter Pressluftatmer mit einem C-Rohr vor die Wohnungstür. Da sich noch viele Personen in den Fluren und im Treppenraum aufhalten, sucht der Einsatzleiter nach einer Möglichkeit, in die Wohnung zu gelangen, ohne Rauchgase austreten zu lassen.

Die Erkundung ergibt, dass auch das Fenster neben dem Brandraum zu der gleichen Wohnung gehört. Somit ergibt sich die Möglichkeit, einen zweiten Trupp unter Pressluftatmer mit einem zweiten C-Rohr über die Drehleiter in das nicht brennende Zimmer einsteigen zu lassen (▶ Bilder 74 und ▶ 75).

Bild 74: ***Um den Treppenraum rauchfrei zu halten, steigt ein zweiter Angriffstrupp über die Drehleiter in das Zimmer neben dem Brandraum ein.***

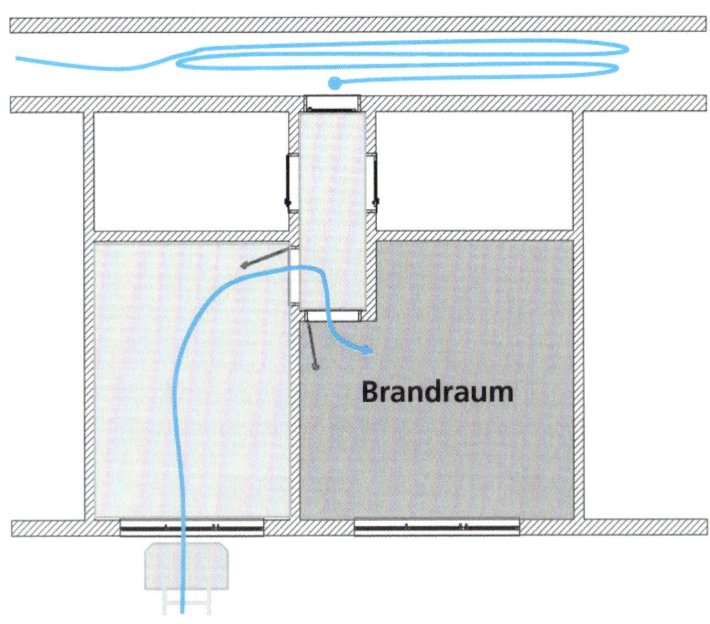

Bild 75: ***Über die Drehleiter gelangt ein Trupp mit Wasser am Rohr in ein nicht brennendes Zimmer der Wohnung und leitet von dort die Brandbekämpfung im angrenzenden Brandraum ein.***

Vom Nebenraum aus erfolgt nun die Brandbekämpfung. Dank einer gezielten Erkundung und der Bereitschaft zu einer aufwändigeren Vorgehensweise, konnte man mit Wasser am Rohr einen Innenangriff hinter einer geschlossenen Wohnungstür durchführen und damit eine Schadenausweitung auf bisher nicht betroffene Bereiche des Gebäudes verhindern.

Beispiel: Wohnungsbrand in einem Mehrfamilienhaus

In einem Sechsfamilienhaus hat ein kleiner Junge im Kinderzimmer mit Feuer gespielt und das Zimmer in Brand gesetzt. Er weckt seinen Vater, der mit ihm über einen ebenerdigen Balkon flüchtet. Die Wohnung ist nun menschenleer, die Wohnungsabschlusstür geschlossen. Die eintreffende Abteilung Wolfartsweier der Freiwilligen Feuerwehr Karlsruhe nutzt den Fluchtweg von Vater und Sohn und steigt mit dem ersten Rohr über den Balkon in das nicht brennende Schlafzimmer ein (▶ Bilder 76 und ▶ 77). Vom Schlafzimmer aus wird der Angriff in das gegenüber liegende, aktiv brennende Kinderzimmer vorgetragen. Ein zweites

Rohr, an der Rückseite des Gebäudes auf den Balkon vor dem Kinderzimmer vorgetragen, kommt nicht mehr zum Einsatz. Nachdem ein Überdruckbelüfter vor dem Treppenraum in Stellung gebracht worden ist, kann die Wohnungstür gewaltlos mit dem Schlüssel des Vaters geöffnet werden, ohne dass Rauch in den Treppenraum gelangt. Das Feuer ist zu diesem Zeitpunkt längst gelöscht. Die alternative Vorgehensweise hat in diesem Fall den Angriff nicht verzögert oder erschwert. Der Erfolg ist unübersehbar: fünf von sechs Wohnungen in dem Wohnhaus sind völlig unbeschadet und definitiv rauchfrei. Sie sind über einen sauberen Treppenraum ab sofort wieder uneingeschränkt nutzbar. Der Treppenraum stand zudem während des ganzen Einsatzes jederzeit als erster Rettungsweg zur Verfügung. Die sechste Wohnung ist durch Feuer und Rauch stark in Mitleidenschaft gezogen. Der dort entstandene Schaden war bereits bei Eintreffen der Wehr eingetreten. Zusätzliche Schäden in dieser Wohnung wurden vermieden. Sogar die Tür blieb intakt, weil man sich die Zeit nahm, den Schlüssel beim Vater zu holen, der einige Meter entfernt im RTW bei seinem Sohn saß.

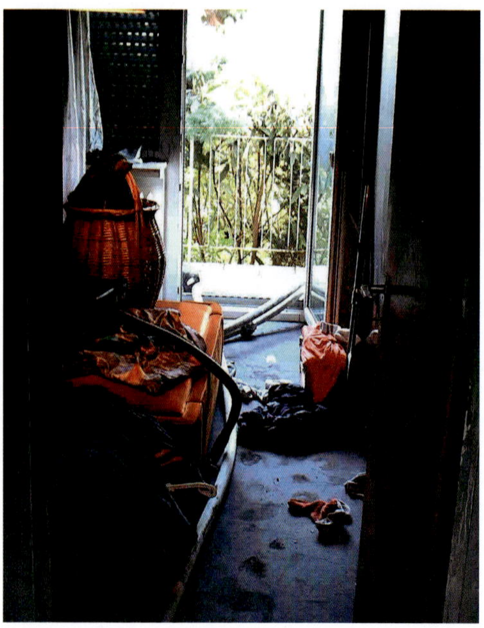

Bild 76: ***Durch diese Tür flüchtete der Vater mit seinem Sohn. Durch die gleiche Tür wurde später das erste Rohr vorgetragen. Der Einstieg erfolgte schnell im nicht brennenden Schlafzimmer. Somit gelangte man auch in diesem Fall mit Wasser am Rohr problemlos in die Brandwohnung, ohne die Wohnungsabschlusstür zu öffnen und damit den Treppenraum zu verrauchen.***

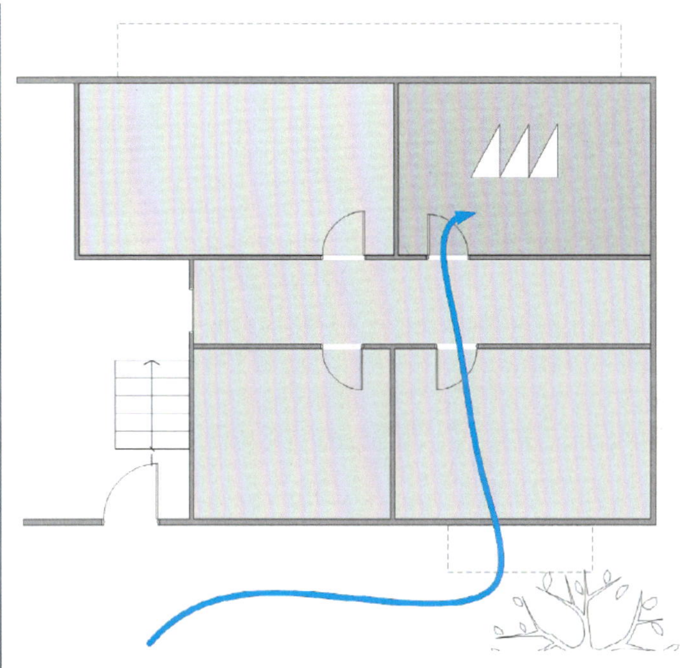

Bild 77: ***Weil der Angriff durch das Schlafzimmer erfolgte, konnte die Wohnungsabschlusstür geschlossen bleiben.***

Beispiel: Kellerbrand

In der Gemeinde Winterlingen (6 700 Einwohner) auf der schwäbischen Alb wird die Freiwillige Feuerwehr zu einem Kellerbrand alarmiert. Der zuerst in das Gebäude vorgehende Trupp erkennt, dass die Kellertür geschlossen und das Gebäude noch rauchfrei ist. Die Feuerwehrangehörigen, die wenige Monate zuvor durch einen Vortrag zu diesem Thema sensibilisiert worden waren, kommen zu folgender Entscheidung: Der Angriff wird abgebrochen, da beim Öffnen der Kellertür eine starke Verrauchung des Gebäudes aufgetreten wäre.

Die gezielte Erkundung führt zu der Erkenntnis, dass ein alternativer Angriffsweg in Form einer außen liegenden Kellertür vorhanden ist. Durch eine Öffnung in der Wand kann der Brandherd zudem lokalisiert und ein erster Angriff in Form einer kurzzeitigen Wasserabgabe von außen vorgetragen werden. Der Trupp geht über die Außentür vor und kann den Brand in kurzer Zeit löschen. Außerhalb des Kellers entsteht keinerlei Schaden am Gebäude und dessen Einrichtung.

Beispiel: Brand in Universitätsgebäude

An dem Karlsruher Institut für Technologie kommt es gegen 3.00 Uhr im 5. Obergeschoss des Chemiegebäudes zu einem Brand in einem chemischen Labor. Studenten, die auf einer Wiese vor dem Gebäude feiern, bemerken die Rauchentwicklung und alarmieren die Feuerwehr. Die Erkundung des Einsatzleiters ergibt, dass es im 5. Obergeschoss in einem Labor und einem Stichflur hinter einer doppelflügeligen Brandschutztür offenkundig brennt. Unmittelbar neben der Tür befindet sich der Wandhydrant. Der Treppenraum im Bereich vor der Brandschutztür ist rauchfrei. Die Erkundung ergibt weiter, dass das Gebäude in allen Geschossen mit umlaufenden Balkonen ausgestattet ist, sodass sich eine Möglichkeit ergibt, über den Balkon in den Brandabschnitt einzusteigen. Auf diese Weise kann die Brandschutztür umgangen werden und der Brandabschnitt auch während der Brandbekämpfung geschlossen bleiben. Vom Balkon aus dringt ein Angriffstrupp über ein Fenster in ein Zimmer ein, welches nicht vom Brand betroffen ist und geht über den Flur zur Brandbekämpfung vor. Das Feuer kann mit einem C-Rohr schnell unter Kontrolle gebracht und gelöscht werden.

Durch diese Vorgehensweise gelingt es der Feuerwehr, eine Verrauchung des Treppenraumes, der Fahrstuhlschächte und anderer Institute zu vermeiden (▶ Bilder 78 bis ▶ 79b). Es kommt zu keinerlei Schäden durch Kontamination außerhalb des vom Brand betroffenen Instituts. Das Gebäude kann schon am folgenden Tag wieder genutzt werden. Davon ausgenommen ist natürlich das von Feuer und Rauch vollständig zerstörte Institut (▶ Bilder 80a–c).

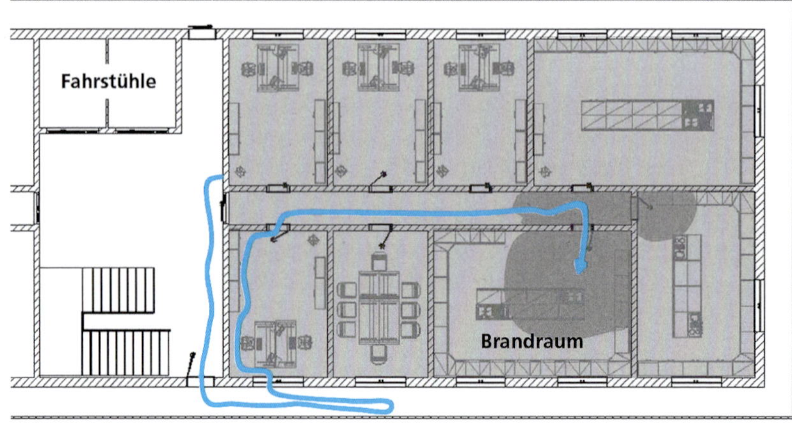

Bild 78: ***Durch die Wahl eines alternativen Angriffswegs konnte eine Verrauchung des Treppenraums, der Fahrstuhlschächte und anderer Institute verhindert werden.***

Bilder 79a und b: *Das vom Brand betroffene Institut war durch die doppelflügelige Brandschutztür baulich vom Treppenraum getrennt. Direkt neben der Tür ist der Wandhydrant zu sehen, von welchem der Angriff vorgetragen wurde. Der Treppenraum blieb sauber, da der Angriff über den Balkon vorgetragen wurde und die Brandschutztür geschlossen blieb. Eine qualifizierte Erkundung führte dazu, dass bauliche Einrichtungen des Vorbeugenden Brandschutzes und der alternative Angriffsweg über den umlaufenden Balkon erkannt und optimal genutzt wurden.*

Bilder 80a–c: ***Die Bilder aus dem Brandbereich belegen zum einen die massiven Schäden, die zum Totalverlust des Instituts mit all seinen Einrichtungen führten. Sie zeigen zudem die Leistungsfähigkeit einer geschlossenen Brandschutztür und lassen umgekehrt erahnen, welche Auswirkungen ein Vorgehen über die Brandschutztür für den Treppenraum, die darin befindlichen Aufzüge und das übrige Gebäude gehabt hätte.***

An den Fahrstuhltüren findet sich lediglich ein Hinweis, dass wegen des Brandes in der Nacht ab dem 5. Obergeschoss mit leichtem Brandgeruch zu rechnen ist.

Übrigens: Am darauf folgenden Tag war die Feuerwehr nochmals vor Ort, besprach mit den Verantwortlichen die Situation und gab Hinweise zur weiteren Vorgehensweise (beispielsweise schnellstmögliche Datensicherung der möglicherweise mit korrosiven Stoffen kontaminierten Festplatten, konsequente Schwarz/Weiß-Trennung usw.). Zudem wurden im Rahmen einer »Übung« unter fachlicher Anleitung des Sicherheitsbeauftragten der Universität Gefahrstoffe, deren Verpackung beschädigt war, aus dem Institut geborgen.

Getreu dem Motto »Tue Gutes und rede darüber« wurde bei dieser Gelegenheit ganz nebenbei den Professoren auch der »Karlsruher Weg«, der im Zuge der Brandbekämpfung zur Anwendung gekommen war, erläutert und der klassischen Vorgehensweise gegenübergestellt. Die Vorteile der gewählten Angriffsvariante waren auch für die Nicht-Feuerwehrangehörigen offenkundig.

Obwohl der angreifende Trupp beim Brand in der Universität durch ein Fenster eingestiegen ist und nicht über den Treppenraum vorging, birgt die hier vorgestellte Variante einen erheblichen Sicherheitsgewinn für den vorgehenden Trupp. Sollte dieser (zweite) Trupp in Gefahr geraten und sich schnell zurückziehen müssen, so muss er lediglich die Strecke bis zur Brandschutztür zurücklegen. Sobald der Trupp die Brandschutztür passiert und hinter sich wieder geschlossen hat, ist er im rauchfreien und somit sicheren Bereich. Er kann zudem von seinen dort wartenden Kollegen, die die Funktion des Sicherheitstrupps nach FwDV 7 übernommen haben, versorgt und betreut werden. Durch die umsichtige Vorgehensweise wurde der Fluchtweg des zur Brandbekämpfung vorgehenden Angriffstrupps kurz gehalten. Auch wenn der vorgehende Trupp verletzt würde und sich nicht mehr aus eigener Kraft retten könnte, wäre der Sicherheitstrupp, der vor der Brandschutztür und somit in unmittelbarer Nähe zum Einsatzort Stellung bezogen hat, innerhalb kürzester Zeit vor Ort. Durch die umsichtige Vorgehensweise wurde auch der Angriffsweg für den bei Bedarf zum Einsatz kommenden Sicherheitstrupp kurz gehalten. Insgesamt wurde die Einsatzstelle von Beginn an kompakt und übersichtlich gehalten, wovon am Ende alle Beteiligten profitiert haben.

An diesem Beispiel zeigt sich deutlich, dass durch die in diesem Buch aufgezeigten Überlegungen auch auf die Länge der Rückzugs- und Angriffswege entscheidend Einfluss genommen werden kann. Hätte der Angriffstrupp klassisch die Brandschutztür passiert, wären bisher rauchfreie Bereiche verraucht worden. Dadurch wäre der Rückzugsweg länger geworden. Ebenso hätte auch unmöglich ein Sicherheitstrupp so ortsnah platziert werden können.

Bilder 81a und b: *Der Brand wurde zunächst im Außenangriff eingedämmt. Der Innenangriff zur abschließenden Brandbekämpfung erfolgte über ein anderes Fenster. Durch den direkten Einstieg in den vom Brand betroffenen Brand- oder Rauchabschnitt kann dieser bis zum Abschluss der Arbeiten geschlossen bleiben.*

Bilder 82a und b: ***Bei Bränden in Tiefgaragen bieten sich die Zu- und Ausfahrtsrampen als Angriffswege in vielen Fällen an, um die Rauchschleusen zu den Treppenabgängen geschlossen halten zu können. Beim Einsatz von Überdrucklüftern ist unbedingt darauf zu achten, dass der Rauch nicht in Bereiche gedrückt wird, die rauchfrei bleiben sollen.***

Zudem hätte sich der Rauch auf andere Geschosse ausbreiten können. Hierdurch wäre die Lage komplexer und damit unübersichtlicher geworden. Komplexe Lagen sind jedoch schwerer zu beherrschen, was wiederum das Sicherheitsrisiko für die Einsatzkräfte erhöht.

Natürlich müssen wir bei unserer Bilanzierung berücksichtigen, dass eventuell ein Fenster zerstört werden muss und der Raum, in den wir einsteigen, in dem Moment verraucht wird, wenn der Trupp die Verbindungstür zum verrauchten Flur öffnet. Hierbei entstehen zusätzliche Schäden, die durch andere, gerettete Werte mindestens kompensiert werden müssen.

4.2.6 Gute Einsatzpraxis – Variante 4: Lüftereinsatz im Druckbetrieb

Aufgrund der Tatsache, dass das Fenster des Brandraums geborsten ist und damit eine Abluftöffnung im Brandraum vorhanden ist, kann das Verfahren der Druckbelüftung zur Anwendung kommen (▶ Bild 83). Schon bevor der Angriffstrupp die

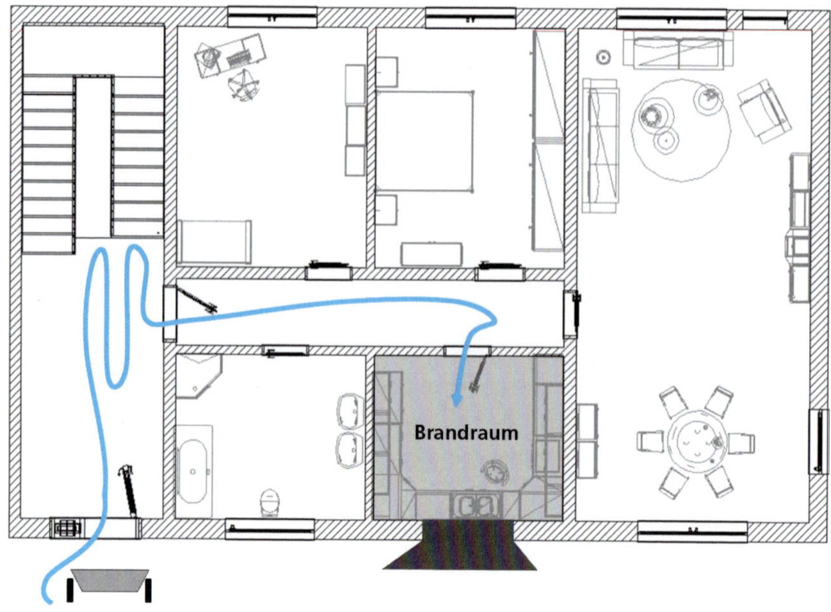

Bild 83: ***Durch Überdruckbelüftung kann unter bestimmten Voraussetzungen verhindert werden, dass sich der Rauch im Flur ausbreitet.***

Wohnungstür öffnet, wird vor dem Gebäude ein Überdruckbelüfter in Stellung gebracht. Ein Trupp, der den noch rauchfreien Treppenraum kontrolliert hat, hat alle Fenster im Treppenraum geschlossen. Dieser Trupp hat auch darauf geachtet, dass offen stehende Wohnungstüren geschlossen wurden und alle Personen den Treppenraum verlassen haben. Der Angriffstrupp hat die Zeit vor der Brandwohnung genutzt, um sich auf den Einsatz vorzubereiten. Der Überdruckbelüfter drückt nun Luft in den geschlossenen Treppenraum und erzeugt hierdurch einen Staudruck.

Jetzt geht der Angriffstrupp in die Brandwohnung vor. Mit dem Öffnen der Wohnungstür kommt es auch in der Brandwohnung zu einer Druckerhöhung. Da die Küchentür geschlossen und die Wohnung noch rauchfrei ist, schließt der Angriffstrupp zunächst alle Türen zu den nicht vom Brand betroffenen Räumen. Nach kurzer Rücksprache mit dem Gruppenführer wird entschieden, den Angriff weiter vorzutragen. Der Angriffstrupp öffnet die Küchentür und geht zur Brandbekämpfung vor. Der Überdruckbelüfter drückt nun auch Luft in die Küche. Durch das geöffnete Fenster kann die Luft nach außen abströmen, sodass sich zwischen Flur und Küche ein Druckgefälle aufbaut, welches den Raucheintritt in den Flur verhindert. Gleichzeitig

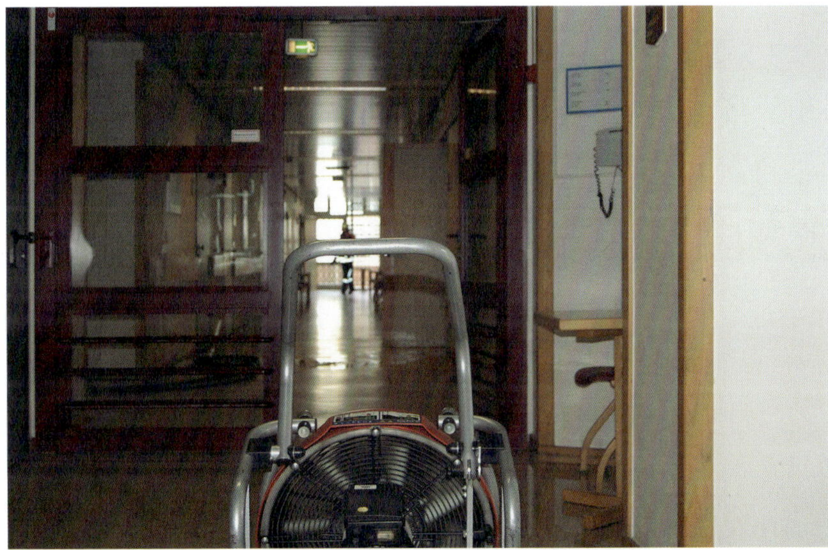

Bild 84: ***Bei richtiger Anwendung können mit Hochleistungslüftern Druckprofile erzeugt werden, die einen ungewollten Rauchaustritt aus geöffneten Türen verhindern. Mit der maschinell unterstützten Belüftung können zudem verrauchte Bereiche schneller entraucht werden.***

unterstützt der Überdruckbelüfter den vorgehenden Trupp, indem heiße Brandgase und Pyrolyseprodukte aus der Küche verdrängt werden.

Anmerkung:

Bei geschlossenem Küchenfenster käme es mit Öffnen der Küchentür zu einem Druckausgleich zwischen Küche und Flur. Wir hätten dann zwar auch einen Überdruck, der uns aber nicht hilft, da für die Vermeidung der Rauchausbreitung ein Druckgefälle hin zum Schwarzbereich vorhanden sein muss. Voraussetzung für ein solches Druckgefälle ist eine Abluftöffnung im Schwarzbereich.

4.2.7 Gute Einsatzpraxis – Variante 5: mobiler Rauchverschluss

Eine weitere Möglichkeit ergibt sich seit einigen Jahren durch die Verwendung des mobilen Rauchverschlusses, gegebenenfalls in Kombination mit einem Hochleistungslüfter. Diese Variante ist insbesondere dann interessant, wenn sich das Öffnen

Bild 85: ***Der mobile Rauchverschluss deckt die Türöffnung weitgehend ab und ermöglicht in vielen Fällen ein Vorgehen über den klassischen Angriffsweg, ohne dass es zu einem gravierenden Rauchaustritt kommt.***

von Türen zu verrauchten Bereichen nicht vermeiden lässt beziehungsweise Alternativen zu aufwändig, problematisch oder gar gefährlich erscheinen (▶ Bild 85). Der mobile Rauchverschluss ermöglicht die Beibehaltung der klassischen Vorgehensweise über Treppenräume und Flure bei gleichzeitiger Reduzierung von Schäden. Besonders wirkungsvoll ist der mobile Rauchverschluss natürlich, wenn er schon eingebaut wird, bevor die Tür zum verrauchten Bereich geöffnet wird. Deswegen gilt es auch hier, die Nerven zu behalten und die Lage zu erkunden, um das Vorhandensein der notwendigen Voraussetzungen für einen wirkungsvollen und sicheren Einsatz des Rauchverschlusses zu prüfen. Zudem muss man bereit zu sein, den Angriff gegebenenfalls geringfügig verzögert vorzutragen und sich die Zeit für den Einbau des mobilen Rauchverschlusses nehmen, um unnötige Schäden zu vermeiden.

Der mobile Rauchverschluss lässt sich in vielen Fällen mit wenigen Handgriffen in die Türöffnung einspannen und kann dazu beitragen, die Schutzwirkung einer geschlossenen Tür zumindest teilweise zu kompensieren und die Ausbreitung von Brandrauch deutlich zu reduzieren (▶ Bild 86).

Bild 86: ***Die Montage des mobilen Rauchverschlusses ist bei üblichen Wohnungsabschluss- und Zimmertüren mit wenigen Handgriffen erledigt.***

4.2.8 Gute Einsatzpraxis – Variante 6: Angriff mit FogNail oder Löschsystem Cobra

Der klassisch vorgehende Trupp gelangt durch die Wohnungsabschlusstür bis vor die geschlossene Tür des Brandraumes. Der Trupp setzt einen FogNail oder das Löschsystem Cobra ein.[6] Mit derartigen Geräten kann der Trupp fein verteiltes Wasser durch ein Loch in der Tür in den Brandraum sprühen, ohne den Raum betreten zu müssen. Durch die geschlossene Tür wird der Trupp dabei gegen den sich schlagartig bildenden Wasserdampf geschützt. Aufgrund der massiven Kühlwirkung wird das Feuer in kurzer Zeit und mit wenig Wasser deutlich eingedämmt. Die deutliche Abkühlung sowie die Inertisierung des Raumes mit Wasserdampf reduziert zudem das Risiko einer Rauchgasdurchzündung. Die Lage kann mit derartigen Geräten unter Umständen ohne großen Aufwand deutlich stabilisiert werden. Wie der Brand letztendlich abschließend gelöscht wird, kann nach dem ersten Angriff durch die geschlossene Tür hindurch lageabhängig ohne Zeitdruck entschieden werden.

4.2.9 Gute Einsatzpraxis – Variante 7: Lüftereinsatz im Saugbetrieb

Der Einsatz eines Druckülfters im Saugbetrieb kann Sinn machen, wenn das Fenster des Raumes, in dem es brennt, noch nicht geborsten ist und sich auch nicht gefahrlos von außen öffnen lässt.[7] Gleiches gilt natürlich für Räume, die keine Fenster haben. In solchen Fällen können die Varianten 2 (qualifizierter Außenangriff) und 4 (Lüftereinsatz im Druckbetrieb) nicht oder nur eingeschränkt praktiziert werden. Es kann in solchen Fällen absehbar sein, dass im Zuge der Löscharbeiten Rauch möglicherweise in bisher rauchfreie Bereiche eindringen wird.

Auch bei derartigen Lagen besteht oftmals die Möglichkeit, einen Drucklüfter einzusetzen, um den Rauch gezielt und schnell abführen zu können. So kann der Drucklüfter im Saugbetrieb eingesetzt werden, indem er vor einem Fenster eines

---

6 Siehe hierzu auch: Pulm, M.: FogNail – der Sprinkler für danach. Wissenschaftliche Untersuchung bestätigt Eignung für Praxis, BRANDSchutz/Deutsche Feuerwehr-Zeitung, 12/2000, S. 1036–1045.

7 Eine weitere interessante Möglichkeit, einen Raum ohne Fensteröffnung zu entrauchen, wird von J. Helpenstein und J. Feyrer in BRANDSchutz/Deutsche Feuerwehr-Zeitung 12/1997, S. 982–985, dargestellt. Eine Sauglutte wird in die Türöffnung gelegt, vor der ein Überdruckbelüfter in Stellung gebracht wird. Die Öffnung der Lutte außerhalb des Raumes befindet sich außerhalb des vom Lüfter erzeugten Luftstromes und wird somit nicht mit Druck belegt. Hier beruht das Prinzip auf einer Teilung der einzigen Öffnung des Raumes, die gleichzeitig als Zu- und Abluftöffnung genutzt wird.

geeignet erscheinenden Raumes so positioniert wird, dass die vom Lüfter aus dem Raum angesaugte Luft durch das Fenster ins Freie geblasen wird. Noch bevor die Tür zum Brandraum geöffnet wird, kann dadurch ein gezielter Luftstrom erzeugt werden, mit dem die Rauchgase, mit deren Austritt aus dem Brandbereich zu rechnen ist, schneller ins Freie abtransportiert werden. Mit Hilfe der hohen Strömungsgeschwindigkeit lässt sich das Risiko minimieren, dass sich der Ruß und die daran anhaftenden Schadstoffe ablagern können. Zudem wird der entstehende Luftstrom über einen vordefinierten Weg geführt, sodass sich die Rauchgase nicht unkontrolliert ausbreiten können, nachdem sie den Brandbereich verlassen haben.

Bei der Variante 7 kommt ein Unterdruckverfahren zum Einsatz. Der Überdruckbelüfter arbeitet in Bezug auf die Entrauchung nicht im Druck-, sondern im Saugbetrieb. Dies hat zwei Effekte zur Folge, die sicherheitsrelevant sein können und bei der Planung unbedingt berücksichtigt werden müssen:

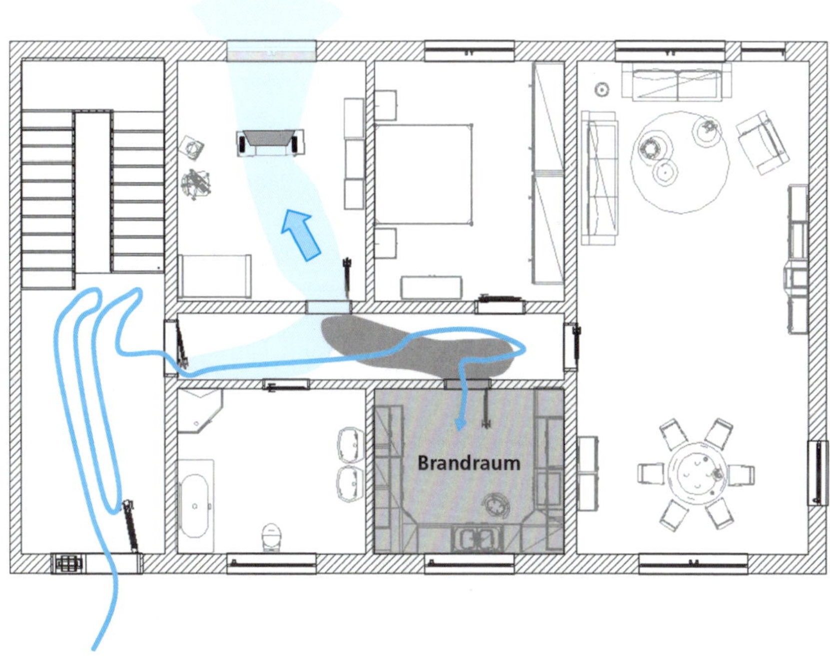

Bild 87: ***Kann das Fenster des Brandraumes nicht geöffnet werden, kann der Rauch durch Erzeugen eines Druckgefälles so abgeleitet werden, dass der Schaden möglichst gering bleibt.***

1. Das Druckgefälle zwischen dem unter Überdruck stehenden Brandraum und dem Flur wird durch den Einsatz des Überdruckbelüfters zusätzlich erhöht. Beim Öffnen der Tür setzt damit ein künstlich verstärkter Luftstrom ein, gegen den der Angriffstrupp vorgehen muss. Dies erschwert sein Vorgehen und stellt ein zusätzliches Sicherheitsrisiko dar. Der Angriffstrupp geht in diesem Fall über die Abluftöffnung vor, was man üblicherweise zu vermeiden sucht. Insbesondere wenn das Fenster des Brandraumes platzt, kann es zu einer Gefährdung kommen. Der Angriffstrupp muss auf diese Situation vorbereitet sein und seinen Angriff demzufolge äußerst diszipliniert und aufmerksam vortragen. Um auch auf diesen Fall vorbereitet zu sein, kann es sinnvoll sein, einen zweiten Überdruckbelüfter betriebsbereit vorzuhalten, der in dem Moment in Betrieb genommen wird, in dem eine ausreichende Abluftöffnung im Brandraum geschaffen ist. Bei gleichzeitigem Abschalten des ersten Überdruckbelüfters kann dann innerhalb kürzester Zeit auf das in Variante 4 beschriebene Verfahren umgestellt werden.
2. Die Rauchgase gelangen auf die Saugseite des Überdruckbelüfters, wo sich dessen Antriebsaggregat befindet. Je nach Rauchgaskonzentration in diesem »Zuluftstrom« kann es bei Verbrennungsmotoren zu Problemen mit der Sauerstoffzufuhr kommen. Leistungsverluste oder gar ein Absterben des Motors können unter Umständen die Folge sein. Um dieses Problem zu umgehen, können in diesen Fällen Überdruckbelüfter mit Elektromotoren oder mit Wasserantrieb eingesetzt werden.

Beispiel:

Der Löschzug der Berufsfeuerwehr Karlsruhe wird über die Brandmeldeanlage des Landratsamtes des Landkreises Karlsruhe alarmiert. In einem Labor des Gesundheitsamtes im Erdgeschoss des Hochhauses sind Speisen angebrannt. Die Gefahr ist bald gebannt, jedoch ist der Raum völlig verraucht. Da das Gebäude klimatisiert ist und die Fenster sich nicht öffnen lassen, entwickelt der Einsatzleiter seine eigene Variante. Er lässt im Flur vor dem mit Rauch gefüllten Labor, dessen Tür natürlich zunächst geschlossen bleibt, einen Überdruckbelüfter in Stellung bringen. Dieser Überdruckbelüfter steht am Ende des etwa 30 Meter langen Flures vor der Tür, die unmittelbar ins Freie führt. Der Überdruckbelüfter wird in Betrieb genommen. Er bläst Luft ins Freie und saugt seine Zuluft aus dem Foyer des Hochhauses an. So entsteht eine gezielte, mechanisch erzeugte, horizontale Luftströmung vor dem verrauchten Raum. Jetzt wird die Tür des Labors geöffnet und ein zweiter Überdruckbelüfter in der Türöffnung positioniert. Dieser Überdruckbelüfter drückt nun im unteren Bereich der Türöffnung Luft in das Labor hinein und befördert die

Rauchgase durch den oberen Türausschnitt in den Flur. Von dort wird der Rauch durch die mechanisch erzeugte horizontale Luftströmung gezielt und zügig abgeführt. Der Rauch kann sich nicht unkontrolliert ausbreiten, der Ruß sich nicht ablagern. Der Einsatzleiter hat durch völlig »unsachgemäße Aufstellung« des zweiten Überdruckbelüfters die einzige Öffnung des Raumes gewissermaßen geteilt und nutzt sie gleichzeitig als Zu- und Abluftöffnung. Auf diese atypische Weise gelingt es innerhalb kürzester Zeit, das Labor zu entrauchen und gleichzeitig sicherzustellen, dass keine weiteren Bereiche kontaminiert werden.

Zusammenfassend kann festgestellt werden, dass es für fast alle Situationen Lösungen gibt, die uns helfen, vermeidbare Rauchschäden wirksam zu verhindern. Auch wenn der personelle und zeitliche Aufwand höher ist, wird uns der Erfolg in vielen Fällen für unsere Mühen entlohnen.

Einmal »auf den Geschmack gebracht«, werden die Einsatzleiter sehr schnell in der Lage sein, eigene Varianten zu entwickeln, um den sich immer anders darstellenden Herausforderungen Herr zu werden.

4.3 Mit Sondersignal zum Kaffeetrinken

Wir werden zu einem Kellerbrand in einem Mehrfamilienhaus gerufen. Beim Eintreffen ergibt die Erkundung des Einsatzleiters, dass es offenkundig in einem Kellerraum brennt. Die Erkundung ergibt weiter, dass die Kellerabschlusstür geschlossen und der Treppenraum rauchfrei ist. Der gesamte Kellerbereich ist menschenleer. Die weitere Erkundung ergibt, dass es keinen alternativen Angriffsweg gibt. Die einzige Möglichkeit, um in den Keller zu gelangen, ist der Kellerabgang, der sich hinter der noch geschlossenen Kellerabschlußtür befindet.

4.3.1 Den Angriff in Ruhe vorbereiten

Der Einsatzleiter beurteilt die vorgefundene Lage. Abgesehen von der Gefahr der Ausbreitung von Feuer und Rauch im Keller besteht zurzeit keine Gefahr. Ein Übergreifen des Feuers auf andere Geschosse kann ausgeschlossen werden. Er schätzt den Wertverlust pro Zeiteinheit relativ gering ein. Die Lage ist somit weitgehend stabil. Der Einsatzleiter entschließt sich, die Tür zum Kellerabgang zunächst nicht zu öffnen. Er stellt die Brandbekämpfung zeitlich zurück und beordert lediglich

4

einen Trupp unter Atemschutz mit einem C-Rohr zur Sicherung vor die Kellerabschlusstür. Er nimmt sich die Zeit, den Angriff in Ruhe vorzubereiten.

Der Einsatzleiter entschließt sich, *bevor* die Kellerabschlusstür geöffnet wird,

- den Treppenraum zu kontrollieren und bei Bedarf zu räumen.
- Rauchschutztüren zu den Fluren und Wohnungsabschlusstüren kontrollieren und bei Bedarf schließen zu lassen (▶ Bild 88).
- Hausbewohner bei Bedarf zu informieren, zu beruhigen oder in Sicherheit zu bringen.
- einen Überdruckbelüfter richtig[8] in Stellung bringen zu lassen, für Abluftöffnungen im richtigen Verhältnis zur Zuluftöffnung zu sorgen und den Lüfter in Betrieb zu nehmen.

Der Einsatzleiter befiehlt dem Angriffstrupp, unter Pressluftatmer (PA) mit einem C-Rohr vor der Kellertür in Bereitstellung zu gehen. Er untersagt das Öffnen der Kellerabschlusstür. Ein weiterer Trupp, ausgerüstet mit PA, beginnt mit der Kontrolle des Treppenraumes. Zwischen dem zweiten und dritten Obergeschoss stoßen die Feuerwehrangehörigen auf einen älteren Herrn, der die notwendige Treppe benutzt, um nach unten zu gelangen. Er möchte nachschauen, was auf der Straße vor dem Haus los ist. Nachdem der Trupp den alten Herrn aus dem Gebäude geführt hat, setzt er die Erkundung fort. Der Trupp bemerkt im dritten Obergeschoss eine geöffnete Wohnungsabschlusstür und zieht diese ins Schloss. Auch im vierten Obergeschoss ist die Wohnungsabschlusstür etwas geöffnet. In der Türöffnung steht eine ältere Dame, die äußerst aufgeregt wirkt. Sie ist 85 Jahre alt und weiß nicht genau, was los ist, macht sich jedoch große Sorgen. Ihre Sorge gilt vor allem ihrem bettlägerigen 90-jährigen Ehemann, der im Bett im Schlafzimmer liegt und das Bett aus eigener Kraft nicht verlassen kann. Während der Truppmann versucht, mit der Dame ins Gespräch zu kommen, schließt der Truppführer die Erkundung des obersten Geschosses ab und meldet dem Einsatzleiter die vorgefundene Lage. Nach wie vor kauert der Angriffstrupp tatenlos im Erdgeschoss vor der Kellertür, das Feuer kann sich ungehindert im Keller ausbreiten.

Wir wollen nun die Szene im vierten Obergeschoss entsprechend der Vorgaben der FwDV 100 betrachten und versuchen, eine zielorientierte Lösung zu finden.

---

8 Richtig in Stellung bringen heißt, den Lüfter nicht irgendwie vor die Tür zu stellen und es dem Zufall zu überlassen, ob das Verfahren wie gewünscht funktioniert, sondern ihn mit Sachverstand gewissenhaft zu positionieren und gegen Wegdriften zu sichern. Da in diesem Beispiel ein Überdruck im Treppenraum erzeugt werden soll, der den Raucheintritt aus dem Keller verhindert, müssen im Keller Abluftöffnungen vorhanden sein oder geschaffen werden. Gleichzeitig dürfen im Treppenraum nicht zu viele Fenster geöffnet sein.

Bild 88: ***Wir können uns nicht darauf verlassen, dass Rauchschutz- und Wohnungsabschlusstüren ordnungsgemäß geschlossen sind. Vertrauen ist gut, Kontrolle ist besser.***

Welche Gefahren bestehen?

Die ältere Dame und vermutlich auch ihr Mann fühlen sich bedroht und sind sehr stark erregt. Für sie besteht die Gefahr der Angstreaktion, die vom Truppführer in Hinblick auf das fortgeschrittene Alter des Ehepaares hoch eingeschätzt wird.

Diese Gefahr der Angstreaktion steht in Zusammenhang mit dem Brand. Die Bekämpfung dieser Gefahr ist somit unstrittig eine unserer Pflichtaufgaben nach Paragraf 2 Absatz 1 (Feuerwehrgesetz Baden-Württemberg). Da wir eine Gefahr für das Leben der alten Leute nicht ausschließen können (Herz-Kreislaufversagen usw.), ist diese Gefahr höher einzustufen, als die Gefahr der Vernichtung weiterer Sachwerte im Keller als Folge der Brandausbreitung (Menschenrettung geht vor Brandbekämpfung).

Welche Möglichkeiten bestehen, die Gefahr abzuwehren?

1. Wir können die Dame auffordern, in ihre Wohnung zu gehen, die Wohnungstür zu schließen und ihren Mann zu betreuen.

   Vorteile:

   - Die Maßnahme ist weder personal- noch zeitintensiv. Die Löscharbeiten können rasch beginnen, der Trupp ist frei für weitere Aufgaben.
   - Die alten Leute befinden sich in ihrer Wohnung und damit in ihrer vertrauten Umgebung.

   Nachteile:

   - Die alten Leute sind unserer Kontrolle entzogen. Wir müssen hoffen, dass sich die Dame wieder beruhigt. Sollte sie sich nicht beruhigen, kann sie in einen bedrohlichen Gesundheitszustand geraten oder durch Fehlverhalten (erneutes Öffnen der Tür, während der Angriff im Keller läuft) sich selbst und ihren Mann gefährden.
   - Wir wissen nicht, ob wir unserem gesetzlichen Auftrag (Bekämpfung aller Gefahren) überhaupt gerecht geworden sind. Die Gefahr ist nicht definitiv beseitigt. Die Sorge um dieses Ehepaar belastet uns, erzeugt Stress.

   Diese Variante scheidet somit aufgrund des Alters der Personen aus. Der erkannten Gefahr der Angstreaktion wurde nicht hinreichend begegnet.

2. Wir können die alten Leute in Sicherheit bringen und vor dem Gebäude betreuen.

   Vorteile:

   - Die Leute sind aus dem Haus heraus und werden betreut.
   - Der Trupp kann nach Abschluss der Räumung neue Aufgaben übernehmen.

   Nachteile:

   - Die Räumung dürfte sich vor allem bei dem bettlägerigen Ehemann aufwändig und zeitintensiv gestalten. Die Löscharbeiten werden weiter verzögert.
   - Die Räumung bedeutet eine zusätzliche physische und psychische Belastung für die alten Leute.

  - Die alten Leute befinden sich außerhalb ihrer vertrauten Umgebung und haben ihre Habseligkeiten, ihre Wohnung nicht mehr im Blick. Dies wird zu einer zusätzlichen Belastung (Stress) beitragen.

3. Wir können zu den alten Leuten in die Wohnung gehen und sie in der Wohnung betreuen, bis die Gefahr vorbei, der Kellerbrand bekämpft und der Treppenraum wieder rauchfrei ist.
   Vorteile:
   - Das ältere Ehepaar wird in der Wohnung betreut. Die alten Leute sind in ihrer gewohnten Umgebung und unter Kontrolle.
   - Die Maßnahme greift sehr schnell. Der Löschangriff kann relativ schnell beginnen.
   - Es werden nur zwei Einsatzkräfte gebunden.

   Nachteile:
   - Der Trupp ist während des gesamten Einsatzes gebunden und steht nicht mehr zur Verfügung.
   - Das ältere Ehepaar und die Einsatzkräfte verbleiben im Gebäude. Unter Berücksichtigung der Gesamtlage ist zu prüfen, ob hierdurch ein nennenswertes Risiko gegeben ist.

Welche Möglichkeit ist demnach die beste?

Unter Berücksichtigung der Gesamtumstände erscheint es am besten, die alten Leute in ihrer Wohnung zu betreuen. Der Trupp stimmt sich mit seinem Fahrzeugführer ab, begibt sich in die Wohnung und betreut das Ehepaar. Dazu werden natürlich die Atemschutzgeräte abgelegt. Die Betreuung findet im Schlafzimmer statt, am Bett des kranken Ehemannes.

Noch während der Truppführer an der ungewöhnlichen Entscheidung zweifelt, bietet die alte Dame den Feuerwehrangehörigen Kaffee an. Nach einigem Zögern nehmen sie das Angebot an. Nun sitzen sie bei den alten Leuten im Schlafzimmer, trinken Kaffee und unterhalten sich über die unterschiedlichsten Dinge. Unten im Keller läuft inzwischen, völlig unbemerkt von den alten Menschen im vierten Obergeschoss, der Löschangriff.

Sie kamen mit Sondersignal zur Einsatzstelle und nun sitzen unsere beiden Feuerwehrangehörigen im vierten Obergeschoss und trinken Kaffee. Ist das unter rechtlichen und einsatztaktischen Gesichtspunkten vertretbar?

Bild 89: ***Mit Sondersignal zum Kaffeetrinken – warum nicht? Wenn es uns hilft, unsere Ziele zu erreichen und unseren gesetzlich formulierten Auftrag zu erfüllen …***

Selbstverständlich ist es nicht nur vertretbar, sondern sogar vernünftig. Sie sind mit Sondersignal angerückt, weil es in einem Gebäude brennt und möglicherweise Menschenleben in Gefahr sind. Obwohl es zunächst nicht den Anschein hat, stellt sich bei näherer Betrachtung heraus, dass das alte Ehepaar im vierten Obergeschoss durch Angstreaktion möglicherweise ernsthaft gefährdet ist. Die taktischen Überlegungen ergeben, dass eine Betreuung in der Wohnung optimal erscheint. Je besser die Betreuung, je harmonischer die Atmosphäre in der Wohnung, umso effektiver wird die Gefahr der Angstreaktion, der Stress des alten Ehepaares bekämpft. Wenn eine Tasse Kaffee mit zu einer Entspannung beitragen kann, ist es als zielorientierte Vorgehensweise einzustufen, das Angebot der alten Dame anzunehmen. Hätte der Trupp ablehnen sollen, vielleicht mit dem Hinweis, dass es schließlich im Keller brenne?

Übrigens: Die Presse sieht keine Veranlassung, über den »harmlosen« Brand zu berichten. Kaum jemand hat die ungewöhnliche Vorgehensweise bemerkt.

Bild 90: ***Im Keller haben dort eingelagerte Sachen gebrannt. Mehr ist nicht passiert. Ein solcher »Bagatelleinsatz« liefert nicht viel Stoff für die Medien.***

4.3.2 Unvorbereitet angreifen – mögliche Folgen

Sie haben Probleme mit dem alternativen Verfahren und tendieren zur klassischen Methode? Dann wollen wir den gleichen Einsatz noch einmal durchspielen, diesmal jedoch in der klassischen Variante.

Der Einsatzleiter schätzt die Gefahr der Brandausbreitung im Keller als größte Gefahr ein und befiehlt demzufolge den unverzüglichen Angriff unter PA mit C-Rohr über den Kellerabgang, der in den Treppenraum mündet. Er entscheidet sich für die klassische Angriffsvariante. Für eine Erkundung des Treppenraumes erscheint die Zeit nicht ausreichend.

Während der Angriffstrupp in den Keller eindringt, quillt dichter schwarzer Rauch in den Treppenraum. Kurze Zeit später werden Hilferufe und Flüche eines älteren Mannes wahrgenommen. Der Sicherheitstrupp, der vor dem Haus in Bereitstellung stand, rüstet sich aus und geht zur Menschenrettung vor. Er findet nach wenigen Minuten einen alten Mann, der im Treppenraum gestürzt ist und bringt ihn in Sicherheit. Der alte Mann wird vom Rettungsdienst versorgt. Neben den Verlet-

Bild 91: *Wenn Feuer oder Rauch in den Treppenraum gelangen, hat dies zur Folge, dass die angeschlossenen Wohnungen erst wieder erreichbar sind, nachdem die Sanierungsarbeiten abgeschlossen sind.*

zungen, die von dem Sturz herrühren, hat er eine Rauchgasvergiftung erlitten. Mittlerweile hat sich eine ältere, weibliche Person im vierten Obergeschoss am Fenster bemerkbar gemacht. Aus dem Fenster quillt schwarzer Rauch. Die Dame scheint sehr aufgeregt zu sein. Sie ruft einige unverständliche Worte und verschwindet wieder in ihrer Wohnung. Ein weiterer Trupp rüstet sich aus, die Drehleiter geht in Stellung. Der Zugführer gibt das Stichwort »Menschenleben in Gefahr« und erhöht die Alarmstufe. Parallel werden die Medien von der Leitstelle über den laufenden Einsatz in Kenntnis gesetzt.

Die alte Dame wird im Schlafzimmer ihrer Wohnung gefunden, neben einem Bett, in dem ein alter Mann, offensichtlich ein Pflegefall, liegt. Unter Einsatz eines weiteren Trupps, der inzwischen über die Drehleiter eingestiegen ist, werden die beiden alten Leute in Sicherheit gebracht.

Der Sicherheitstrupp, der den Mann aus dem Treppenraum gerettet hat, ist erneut vorgegangen, um eine völlig verrauchte Wohnung im dritten Obergeschoss nach möglichen weiteren Opfern zu durchsuchen. Die Wohnung ist menschenleer, aufgrund der massiven Beaufschlagung mit Rauchgasen jedoch nicht mehr bewohnbar. Sie muss, wie auch der Treppenraum, zunächst saniert werden.

Bild 92: ***Eine derart kontaminierte Wohnung muss aufwändig saniert werden, bevor die Bewohner zurückkehren können.***

Inzwischen hat der erste Trupp den Brandherd im Keller lokalisiert und erfolgreich unter Vornahme des C-Rohres bekämpft. Es brannten alte Matratzen und etwas Gerümpel unter der Kellertreppe.

Am folgenden Tag berichten die Tageszeitungen in großer Aufmachung über diesen dramatischen Einsatz der Feuerwehr, bei dem drei Menschen verletzt aus höchster Gefahr gerettet werden konnten. Mit Stolz lesen die eingesetzten Feuerwehrangehörigen die Schlagzeilen.

Bereits nach wenigen Wochen oder Monaten sind die Sanierungsarbeiten in den Wohnungen im dritten und vierten Obergeschoss sowie im Treppenraum abgeschlossen. Die Bewohner können in ihre Wohnungen zurückkehren. Der alte Herr, der im Treppenraum gestürzt war, als ihm durch den Brandrauch plötzlich die Sicht genommen wurde, hat sich von seinen Verletzungen inzwischen auch wieder erholt.

Stellt sich abschließend die Frage: Wäre es nicht doch besser gewesen, mit den alten Leuten im vierten Obergeschoss Kaffee zu trinken?

4.4 Richtiges Lüften will gelernt sein

Bei jedem Brand entstehen giftige Rauchgase. Darüber hinaus kommt es zu Rußablagerungen. Die Rauchgase müssen in irgendeiner Form ins Freie geleitet werden, um die Räume wieder begehbar zu machen und mit Reinigungsarbeiten beginnen zu können. Aus dieser Überlegung heraus sind wir an Einsatzstellen bemüht, Lüftungsmaßnahmen möglichst schnell und umfassend einzuleiten.

Grundsätzlich ist gegen diese Strategie nichts einzuwenden. Allerdings ist die Thematik des Lüftens nicht ganz so einfach, wie es manchmal erscheinen mag. Auch bei dieser vermeintlich einfachen Maßnahme können viele Fehler gemacht werden, die zu vermeidbaren Schäden führen. Hierzu ein einfaches Beispiel aus der täglichen Praxis:

In einer Küche hat es gebrannt. Rauchgase und Pyrolyseprodukte füllen den Raum, Rußpartikel und Kondensate sind in der Luft, es stinkt nach Brand. Um dem Problem rasch Herr zu werden, wird für eine vernünftige Querlüftung gesorgt. Türen und Fenster werden geöffnet, sodass der natürlich herrschende Wind die Schadstoffe aus der Wohnung verdrängen kann. Leider steht der Wind so ungünstig, dass die Rauchgase, Rußpartikel und Kondensate durch das bis dahin unversehrte Wohnzimmer abziehen und sich teilweise dort auf den Möbeln niederschlagen. Es hat im Vorfeld der Lüftungsmaßnahme niemanden interessiert, aus welcher Richtung der natürliche Wind weht, ein Detail, welches für viel Ärger und Schaden sorgen kann.

Richtiges Lüften ist ein sehr komplexes Themengebiet, welches von vielen Faktoren abhängt. Die vorherrschende Windrichtung/-geschwindigkeit ist nur einer davon. Insbesondere dann, wenn mechanische Lüfter zum Einsatz kommen, ist Vorsicht angezeigt. Die Lüfter erzeugen intensive Luftbewegungen und können innerhalb kürzester Zeit große Rauchgasmengen, Rußwolken usw. über weite Bereiche verteilen. Sie können zudem für eine Änderung der Druckverhältnisse im Gebäude sorgen. Diese Änderung der Druckverhältnisse wird in vielen Fällen angestrebt, weswegen häufig der Begriff der Überdruckbelüftung verwendet wird.

Viele Feuerwehrangehörige meinen allerdings, dieses aus den USA importierte Überdruckbelüftungsverfahren anzuwenden, indem sie einfach einen Überdruckbelüfter vor die Tür stellen. Tatsächlich sorgen sie jedoch in den meisten Fällen lediglich für einen rascheren Luftaustausch durch eine mechanisch erzeugte Luftströmung und eine dadurch erhöhte Luftwechselrate. Häufig blasen sie die Rauchgase irgendwohin und erkennen erst während die getroffene Maßnahme läuft, inwieweit die verfolgte Absicht überhaupt erreicht wird. Dass es dabei zu vermeidbaren Schäden kommen kann, liegt auf der Hand. Daher ist es zwingend notwendig, dass das Verfahren der Überdruckbelüftung intensiv in Theorie und Praxis geschult wird. Wir müssen lernen, die Voraussetzungen für eine gezielte Rauchgasabführung bereits im Vorfeld der Maßnahme zu erkennen und zu schaffen. Die für die Lüftungsmaßnahme verantwortliche Kraft muss sich ein klares Bild von der Lage verschaffen und sich folgende Aufgabenstellung bewusst machen:

- Wo sind die Schadstoffe und wo sollen sie hin?
- Wo sind die Schadstoffe und wo wollen wir sie auf keinen Fall haben?

Dies sei am Beispiel eines Treppenraumes nochmals verdeutlicht:

Situation 1: Der Treppenraum ist rauchfrei. Er soll gegen eindringenden Rauch geschützt werden. In dieser Situation macht die Überdruckbelüftung Sinn. Durch die Erhöhung des Luftdrucks im Treppenraum entsteht ein Druckprofil, welches relativ zuverlässig das Eintreten von Rauch verhindert (▶ Bild 93). Um diesen Überdruck zu erreichen, ist es wichtig, dass die Abluftöffnungen im Treppenraum nicht zu groß gewählt werden. Gleichzeitig ist darauf zu achten, dass auch der verrauchte Bereich über ausreichend dimensionierte Abluftöffnungen verfügen muss. Ansonsten kommt es beim Öffnen der Wohnungsabschlusstür auch in diesem Bereich zu einer Druckerhöhung und damit zu einem Druckausgleich mit dem Treppenraum.

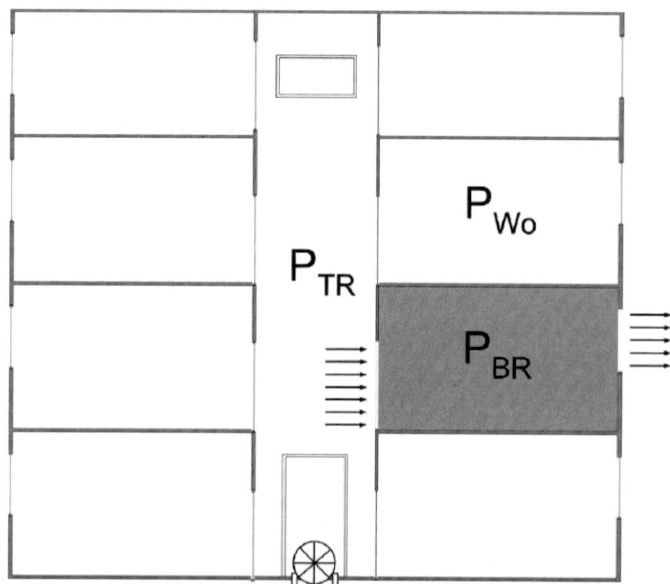

Bild 93: ***Wenn der Treppenraum rauchfrei ist, darf die Abluftöffnung nicht zu groß sein (Faktor 1–1,5 im Verhältnis zur Zuluftöffnung), damit sich ein Staudruck im Treppenraum P_{TR} ausbilden kann. Solange P_{TR} größer ist als der Luftdruck im Brandraum P_{BR}, wird eine Verrauchung des Treppenraumes verhindert. Der Luftdruck in den übrigen Nutzungseinheiten P_{Wo} ist in dieser Situation nicht relevant.***

Situation 2: Der Treppenraum ist bereits verraucht. Es hat sich ein Druckprofil ausgebildet. Die Druckdifferenz zwischen dem verrauchten Treppenraum und den angrenzenden Räumen ist möglicherweise aber noch so gering, dass die Türen weitgehend rauchdicht schließen. Wird in dieser Phase der Luftdruck im Treppenraum erhöht, nimmt das Druckgefälle zu den angrenzenden Wohnungen zwangsläufig zu. Es ist damit zu rechnen, dass die Dichtigkeit der Türen nun nicht mehr gewährleistet ist. Dies führt zu einer nicht gewollten Verschlechterung der Gesamtsituation, weil zum Beispiel zuvor rauchfreie Wohnungen jetzt verrauchen. Um dies zu verhindern, muss der Treppenraum durch großzügig dimensionierte Abluftöffnungen (alle Fenster auf) zunächst möglichst drucklos entraucht werden (▶ Bild 94). Zuvor sollte man natürlich versuchen, beispielsweise durch das Schließen von Türen, den weiteren Rauchzutritt in den Treppenraum zu unterbinden. Erst wenn der

Treppenraum rauchfrei ist, kann eine durch gezieltes Schließen von Abluftöffnungen im Treppenraum erzeugte Druckerhöhung zweckmäßig sein.

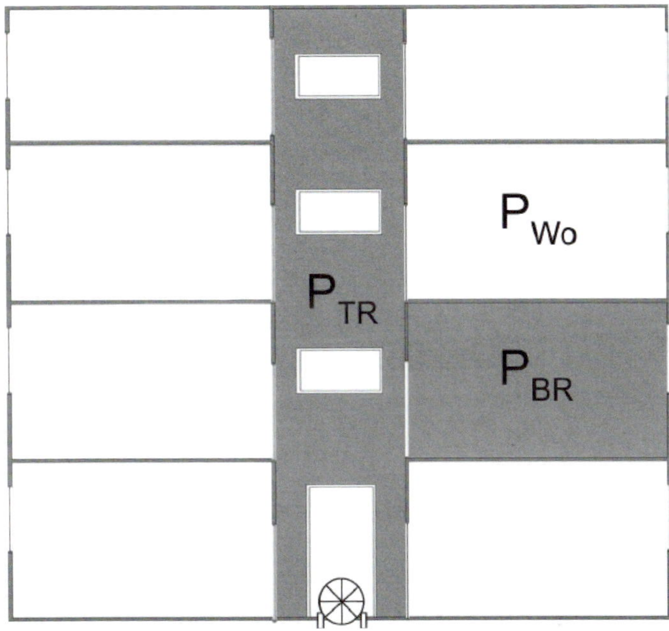

Bild 94: ***Da der Treppenraum verraucht ist, muss verhindert werden, dass der Luftdruck im Treppenraum erhöht wird, da ansonsten das Druckgefälle von P_{TR} gegenüber den an den Treppenraum angeschlossenen Wohnungen P_{Wo} zunimmt. Deswegen müssen zunächst große Abluftöffnungen geschaffen werden, um den Treppenraum zu entrauchen, bevor ein Staudruck erzeugt werden kann.***

Bei einem Kellerbrand ist eine Vorgehensweise in folgender Reihenfolge denkbar: Rauchzutritt stoppen durch Schließen der Kellerabschlusstür – öffnen aller Fenster im Treppenraum – Treppenraum möglichst drucklos entrauchen – danach Fenster im Treppenraum wieder schließen, um eine Druckerhöhung zu erzielen – Abluftöffnung im Keller schaffen – Kellerabschlusstür öffnen und zum Angriff vorgehen.

Ähnliche Aufgabenstellungen treten beim Einsatz von Überdruckbelüftern in Gebäuden auf, die mit Lüftungs- und Klimaanlagen ausgestattet sind. Durch die Erhöhung des Druckes im Raum können Zuluftleitungen zu Abluftleitungen umfunktioniert werden. Rauchgase strömen dann entgegen der üblichen Strömungsrichtung durch die Lüftungskanäle in Bereiche, die zuvor noch rauchfrei waren.

Nur wenn wir uns der Zielsetzung bewusst sind, können wir eine Strategie entwickeln, die Rauchgase zu veranlassen, genau dorthin zu ziehen, wo wir sie haben wollen. Hierzu sind einfache physikalische Kenntnisse der Strömungsmechanik und viel Übung erforderlich.

Beispiel: Eine vermeidbare Betriebsunterbrechung

Im Keller eines Betriebes sind giftige Gase freigesetzt worden. Da die Gase schwerer als Luft sind, sammeln sie sich im Keller. Messungen in den darüber liegenden Geschossen liefern keine kritischen Werte. Nachdem die Schadstofffreisetzung gestoppt wurde, befindet sich die Lage in einem stabilen Zustand. Es besteht keine Gefahr, kein Grund zur Hektik.

Um die Gase aus dem Keller zu entfernen, werden in einem Nebenraum zwei kleine Fenster geöffnet, ein Lüfter wird in Stellung gebracht. Kurz darauf werden deutlich erhöhte Schadstoffkonzentrationen in den oberen Stockwerken gemessen, die eine sofortige Räumung erforderlich machen. Die höchsten Konzentrationen werden im Bereich der Aufzüge festgestellt. Anhand eines Lageplans, der genau auf der Tür klebt, vor der der Lüfter steht, kann erkannt werden, dass der Keller weitere Türen hat, über die eine Verbindung zu den Aufzugsschächten besteht. Diese Türen wurden vor Inbetriebnahme des Lüfters nicht kontrolliert, »sie müssten eigentlich geschlossen sein«. Ein Trupp, der jetzt unter Pressluftatmern zur Erkundung den Keller betritt, findet die Türen in geöffnetem Zustand vor.

Schadstoffe strömen nicht nach unseren Wünschen, sondern nach physikalischen Gesetzen.

4.5 Die qualifizierte Übergabe der Wohnung

Wenn die Feuerwehr die Einsatzstelle verlässt, enthält die Raumluft häufig noch Schadstoffe, die aus den erwärmten Materialien der Zimmereinrichtung ausgasen. Rußpartikel und Kondensate schweben im Raum oder haben sich auf Einrichtungsgegenständen niedergeschlagen. Somit besteht auch nach unserem Abrücken die Gefahr einer Verschleppung von Schadstoffen in noch nicht kontaminierte Bereiche der Wohnung und damit die Gefahr einer vermeidbaren Schadenausweitung. Wenn wir als unser Ziel formuliert haben, alle Schäden, die in Zusammenhang mit einem Schadenfeuer entstehen können, zu vermeiden oder zu minimieren, so gehören auch

Bild 95: ***Die Betroffenen sind selbst bei relativ harmlosen Brandverläufen mit der Situation häufig völlig überfordert. Die Feuerwehr kann auch in dieser Phase Hilfestellung geben.***

die Schäden dazu, die nach unserem Abrücken eintreten und von uns vermieden werden könnten.

Da wir nicht vor Ort bleiben können und wollen, müssen wir diese Bereiche an andere Personen übergeben. Die Übergabe muss qualifiziert erfolgen. Wir müssen die Wohnungsinhaber oder Polizeibeamten, an die wir kontaminierte Bereiche übergeben, in unsere Überlegungen einweihen und sie in sachlicher Form über das noch vorhandene Gefährdungspotenzial für Personen und Sachwerte informieren.

> Als in Karlsruhe die Fachhochschule gebrannt hatte, kam ein Mitarbeiter auf die gut gemeinte Idee, den Luftaustausch im stark kontaminierten Flur zu erhöhen, indem er die Türen einer Werkstatt mit hochwertigen Maschinen zum Flur und, auf der anderen Seite der Werkstatt, ins Freie öffnete. Tatsächlich kam es zu einem regen Luftaustausch. Ein deutlich spürbarer Luftzug strich fortan permanent vom Flur her durch die Werkstatt, die anschließend als sanierungsbedürftig eingestuft wurde.

	**Publikation zur Sach-Schadensanierung**	**VdS 2357**

Richtlinien zur Brandschadensanierung

Bild 96: ***Die Richtlinie 2357 »Richtlinie zur Brandschadensanierung« der VdS-Schadenverhütung GmbH informiert in leicht verständlicher Form über das Gefährdungspotenzial an kalten Brandstellen.***

Um dieses Gefährdungspotenzial abschätzen zu können, sollte der Einsatzleiter über Grundkenntnisse über Schadstoffe bei Bränden und an kalten Brandstellen verfügen. Er muss sich zudem die Zeit nehmen, den Laien zu erläutern, warum beispielsweise nicht alle Fenster und Türen von der Feuerwehr geöffnet worden sind, obwohl hierdurch ein kräftiger Durchzug hätte erzeugt werden können.

Die Erfahrung zeigt, dass es sinnvoll ist, für diese Beratungen ein kleines Merkblatt mitzuführen (▶ Bilder 97a und b). In diesem Merkblatt sind erste konkrete Tipps zusammengestellt, wie man sich nach einem Brand zu verhalten hat. Das informative und bewusst einfach gefasste Merkblatt wird den Geschädigten im Rahmen eines kurzen Beratungsgesprächs mit dem Einsatzleiter ausgehändigt. Es wird erfahrungsgemäß gerne angenommen und hoch geschätzt.

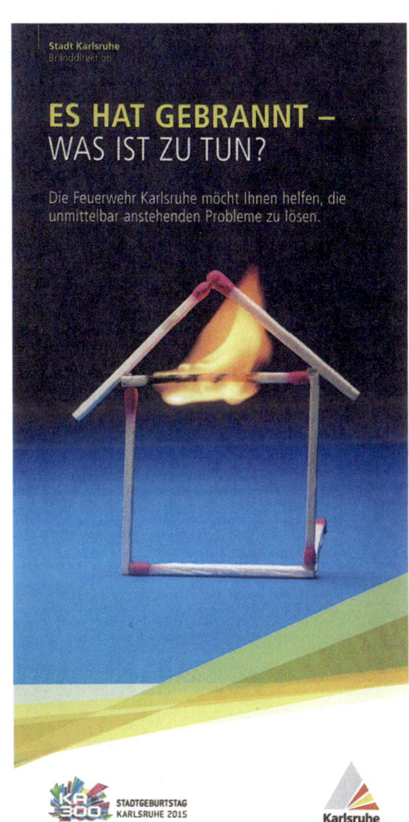

ES HAT GEBRANNT – WAS IST ZU TUN?

Bei weiteren Fragen steht Ihnen Ihre Stadt Karlsruhe beratend und unterstützend zur Seite. Sie verfügt über vielfältige Möglichkeiten, die Ihnen helfen können, die aktuelle Situation zu bewältigen.

NOTFALL	**112**
Feuerwehr	**0721 133-3750**
Rund um die Uhr erreichbar bei: • Fragen zum konkreten Brandereignis • allgemeinem Beratungsbedarf zum Thema Brandschutz	
Sozial- und Jugendbehörde	**0721 133-5301**
Bei Fragen zu den Themen: • Unterbringung • psychologische Betreuung (Nachsorge) • finanzielle Unterstützung	

Herausgegeben von:
Stadt Karlsruhe | Branddirektion | Ritterstraße 48 | 76137 Karlsruhe
Layout: Stadt Karlsruhe | Liegenschaftsamt | Karten und Grafik | M. Mahr
Titelbild: shutterstock | Foto: Branddirektion
Druck: Rathausdruckerei | 100 Prozent Recyclingpapier | Stand Februar 2015

Bilder 97a und b: ***Der kleine Flyer wird in Karlsruhe auf den Einsatzleitfahrzeugen mitgeführt. Neben praktischen Tipps beinhaltet er Rufnummern von Ansprechpartnern der Stadtverwaltung, die helfen können, mit der Situation umzugehen. Die Stadt bietet sich damit offensiv als Partner der in Not geratenen Bürgerinnen und Bürger an.***

Selbstverständlich ist das Gespräch nach dem Brand auch geeignet, um die für Brandschutzthemen in dieser Phase sensibilisierten Betroffenen über mögliche Schutzvorkehrungen zu informieren. So hat der Hinweis auf Rauchwarnmelder bei einem solchen Gespräch sicherlich gute Aussichten, auf fruchtbaren Boden zu fallen.

4

4.6 Wie erklären wir es unserer Mannschaft?

Die in diesem Buch vorgestellten Überlegungen sind zwar nicht neu aber doch irgendwie anders. Um sie in der Praxis umsetzen zu können, müssen wir bereit sein, in einigen Bereichen umzudenken, flexibler zu werden. Allerdings nützt es nicht viel, wenn nur die Führungskräfte überzeugt und bereit sind, alternative Lösungsansätze zu verfolgen. Alle Mitglieder der Gruppe müssen mitziehen. Sie müssen die gesteckten Ziele mitgeteilt bekommen oder selbst erkennen können. Der Truppführer kann seine Kompetenz nur zielorientiert einbringen, wenn er das Ziel kennt und es als solches akzeptiert. Wenn wir an der Tatsache, dass soeben der Rettungsweg mit Brandrauch geflutet wird, erkennen, dass der Trupp eine Tür geöffnet hat, die er vielleicht besser nicht geöffnet hätte, ist es für viele Maßnahmen bereits zu spät.

Wir müssen demzufolge intensiv mit unserer Mannschaft trainieren und dabei auch taktische Überlegungen ansprechen und diskutieren. Wir müssen Überzeu-

Bild 98: ***In Einsatzübungen unter realitätsnahen Bedingungen, bei denen das Team aus Führungskraft und Mannschaft funktionieren muss, sind die alternativen Vorgehensweisen zu trainieren und mit Blick auf die Auswirkungen für die eigene Sicherheit und den angestrebten Erfolg zu besprechen.***

gungsarbeit leisten, damit die Trupps nicht jeden unbeobachteten Moment nutzen, um doch die klassische Vorgehensweise zu praktizieren. Die optimale Überzeugungsarbeit lässt sich sicherlich leisten, wenn man bei realen Einsätzen alternative Wege geht und anschließend die getroffenen Maßnahmen und deren Auswirkungen mit der Mannschaft bespricht. Die eingesetzten Kräfte können sich dann selbst vom Erfolg der getroffenen Maßnahmen überzeugen.

Wir müssen uns zudem in theoretischen und praktischen Übungen, in Planspielen usw. mit der Thematik auseinander setzen. Wir müssen anhand konkreter, einfacher Beispiele üben und dabei immer den Mut haben, auch über atypische Lösungsansätze nachzudenken und diese Lösungsansätze mit der aus der FwDV 100 bekannten Fragestellung auf Vor- und Nachteile hin untersuchen.

Es ist empfehlenswert, mit einfachen Lagen zu beginnen, bei denen die Beurteilung bezüglich der noch zu rettenden Werte relativ trivial ist. Wenn diese Lagen zusätzlich so gestaltet sind, dass die klassische Variante, die die Übungsteilnehmer vermutlich bevorzugen werden, zu einer unübersehbaren Zuspitzung der Lage führt, so findet sich im Anschluss an die Übung genügend Material für die Überzeugungsarbeit. In den ersten Diskussionen sollte man es tunlichst vermeiden, das Thema »Menschenrettung« zuzulassen. Bei den ersten Übungen sollte von Lagen ausgegangen werden, bei denen keine Menschen gefährdet sind.

Beispiel für eine Übungslage:

Sie wählen ein Übungsobjekt, in dem sich ein Raum befindet (zum Beispiel ein Keller), der über zwei Wege erreichbar ist. In diesem Raum soll ein Brand ausgebrochen sein. Der für den weiteren Übungsverlauf schlechtere Zugang sollte gut sichtbar sein und sich regelrecht für einen Angriff anbieten, während sich der alternative Zugang vielleicht auf der Rückseite des Gebäudes befindet. Der alternative Zugang muss die Möglichkeit eines zügigen, gefahrlosen und unproblematischen Vorgehens bieten, um nicht gleich zu Beginn des Trainings Gefahr zu laufen, Diskussionen über Details führen zu müssen. Vor dem Haus wird die Mannschaft von einem Hausbewohner erwartet, der einen ruhigen und gut informierten Eindruck macht. Er teilt mit, dass sich keine Personen im Keller befinden und führt die Feuerwehr zur vorderen Tür (durch diese Tür würde er als Laie in den brennenden Keller eindringen). Die übende Mannschaft (natürlich inklusive der Führungskräfte) ist im Vorfeld nicht informiert.

Hinter der vorderen Tür postieren Sie mindestens eine leistungsstarke Nebelmaschine, deren Ausblasöffnung zur Tür zeigt. Die Maschine ist auf volle Leistung eingestellt und wird aktiviert, wenn die Tür geöffnet wird. Zuvor wurde der Keller bereits massiv vernebelt. Beim Öffnen der Tür tritt nun schlagartig Nebel aus, der möglichst unmittelbar in einen sensiblen Bereich (z. B. Treppenraum) gelangt. Die

> **Übung läuft weiter, der Trupp geht zur Brandbekämpfung vor. Permanent dringt weiterer Nebel aus der Tür und gelangt in den Treppenraum. Die Situation wandelt sich nun. Durch eingespielte Lagen, wie beispielsweise Husten und Hilferufe aus dem Treppenraum, Nebelaustritt aus einer Wohnung im zweiten Obergeschoss oder Personen, die sich an den Fenstern bemerkbar machen, erleben die Übungsteilnehmer hautnah die Konsequenzen ihres Handels.**

Die Übung wird an dieser Stelle unterbrochen und die Situation mit ihren Ursachen diskutiert. Wie konnte es zu dieser Eskalation kommen. Ist ein Zusammenhang mit unserem Vorgehen gegeben? Haben wir Menschen in Gefahr gebracht, möglicherweise verletzt? Was war unser Ziel, was haben wir erreicht? Danach kann die gemeinsame Suche nach Alternativen beginnen. Der zweite Angriffsweg wird gemeinsam entdeckt. Welche Vorteile hätte ein Angriff durch diese Tür? Welche Nachteile hätten sich ergeben? Warum wurde dieser Weg nicht gewählt? Lag es an der schlechten Erkundung, an Zeitmangel, an einer falschen Einweisung (durch einen Laien), oder daran, dass es schon immer so gemacht wurde?

Danach wird die gleiche Übung wiederholt, diesmal erfolgt der Angriff jedoch über den hinteren Zugang. Die Ergebnisse werden verglichen: Beim Angriff über den hinteren Zugang bleibt der Treppenraum rauchfrei, Personen geraten nicht in Gefahr, keine Wohnung wird verraucht. Aus dem Vergleich der beiden Vorgehensweisen ergibt sich eine intensive Diskussion: Wie stellte sich die Situation beim Eintreffen dar? Welche Gefahren haben tatsächlich bestanden? Wie zeitkritisch war die Lage? Hatten wir wirklich keine Zeit für eine Erkundung?

Sollten die Einsatzkräfte schon bei der ersten Übung – aus welchen Gründen auch immer – den besseren Weg erkennen und nutzen, so kann man die Reihenfolge der Übung auch umkehren. Auch wenn der Überraschungseffekt fehlt, so lässt sich dennoch jedem Übungsteilnehmer die Bedeutung einer vernünftigen Erkundung und Planung sowie einer disziplinierten Teamarbeit darstellen.

Wir müssen bei Übungen und Einsätzen mit einfachen Beispielen beginnen, bei denen die alternative Lösung offensichtlich besser oder zumindest nicht schlechter ist als die klassische Variante. Im Laufe der Zeit werden wir Erfahrungen sammeln und unsere Vorgehensweise weiter optimieren. In der Anfangsphase geht es zunächst vor allem darum, die Bereitschaft zu mehr Innovation zu wecken.

Wichtig und erfolgversprechend scheint auch, die Feuerwehrangehörigen bei ihrer Ehre zu packen. Solange der Feuerwehrangehörige seine Leistung daran misst, dass bislang alle Feuer gelöscht wurden, wird er für neue Ideen nicht zu gewinnen sein. Wir müssen ihm bewusst machen, dass er nur dann gute Arbeit geleistet hat, wenn er beziehungsweise die Einheit die Brandbekämpfung optimal durchgeführt hat.

4.7 Änderung unserer technischen Ausstattung

Unsere technische Ausstattung ist sehr umfangreich und erlaubt uns, viele Einsatzlagen erfolgreich zu meistern. In den letzten Jahren hat es hier einige Verbesserungen gegeben. So gehören Hochleistungslüfter, Wärmebildkameras und der mobile Rauchverschluss bei vielen Feuerwehren inzwischen zur Standardausstattung. Dennoch kann festgestellt werden, dass wir auch heute noch in vielen Bereichen mit Problemen zu kämpfen haben, die eine ergänzende oder veränderte Ausstattung erfordern. So dringen bei vielen Feuerwehren nach wie vor Trupps in verrauchte Bereiche ein, ohne auf eine Technik zurückgreifen zu können, die ihnen hilft, sich im Rauch zu orientieren und den Angriff zügig und sicher durchführen zu können. Andere Feuerwehren müssen die Verrauchung des Treppenraums in Kauf nehmen, weil kein mobiler Rauchverschluss zur Verfügung steht. Leider ist es noch immer nicht gelungen, Geräte wie Wärmebildkameras und den mobilen Rauchverschluss in die Normbeladung von Löschfahrzeugen aufzunehmen.

Bilder 99a und b: ***Wärmebildkamera und mobiler Rauchverschluss sind inzwischen bei vielen Feuerwehren Standard und kommen routinemäßig bei Brandeinsätzen zum Einsatz.***

Bilder 100a und b: *Das Löschsystem COBRA erlaubt einen Angriff durch Türen, Wände und Decken hindurch. Das System fräst sich dabei mit Wasser unter hohem Druck selbst ein Loch, durch das das Löschwasser in den Brandraum eindringen kann. Ein LUF kann den Löscheinsatz unterstützen und das Risiko für die Einsatzkräfte reduzieren, indem es in Bereichen Stellung bezieht, in denen ein Aufenthalt von Einsatzkräften nicht machbar oder mit einem hohen Risiko verbunden ist (Foto LUF: Feuerwehr Hannover).*

Auch wenn die Tatsache, dass es kaum grundlegende Veränderungen gegeben hat, nicht zwangsläufig bedeuten muss, dass unsere Ausstattung schlecht ist, so kommt man dennoch ins Grübeln, wenn man die technischen Entwicklungen in anderen Bereichen, die sich im gleichen Zeitraum vollzogen haben, mit denen im Bereich des abwehrenden Brandschutzes vergleicht. So ist es nach wie vor üblich, dass Einsatzkräfte in Gefahrenbereiche eindringen müssen, weil Alternativen fehlen, die es erlauben, Einsatzmaßnahmen auf gänzlich andere Weise durchführen zu können. Ansätze sind zwar erkennbar, werden aber nur sehr zögerlich eingeführt. Als Beispiele sind hier das Löschsystem COBRA oder selbstfahrende Systeme wie das Löschunterstützungssytem (LUF) zu nennen.

Auch wenn diese relativ kostenintensiven Systeme sicherlich nicht überall für den Erstangriff erforderlich sind, so wäre es doch gut, wenn eine flächendeckende Ausstattung vorhanden wäre, um zumindest in kritischen Lagen die Einsatzkräfte innerhalb eines vertretbaren Zeitraums aus dem unmittelbaren Gefahrenbereich heraushalten bzw. herausnehmen zu können und ihre Arbeit von außen oder durch Maschinen verrichten zu lassen. Neben der Erhöhung der Sicherheit der Einsatzkräfte würden damit auch Voraussetzungen geschaffen, um große Lagen mit einem geringeren Personalansatz abarbeiten zu können.

Die Brandbekämpfung mittels »Löschlanzen« (FogNails) oder einem Löschsystem COBRA wird im Ausland schon vielfach praktiziert. Mit diesen Geräten wird das Löschmittel durch Löcher in Wänden, Türen, Decken und Dacheindeckungen fein verteilt in den Brandraum eingebracht. Während sich beim Löschsystem COBRA das Löschmittel unter hohem Druck seinen Weg in den Brandraum selbst bahnt, muss bei der Verwendung eines FogNails das Loch, durch das der Nagel hindurch geschoben werden soll, zuvor mit einem Bohrer oder einem Spezialhammer geschaffen werden. Bei beiden Systemen kühlt das verdampfende Wasser die Luft im Brandraum ab. Zusätzlich wird die erstickende Wirkung des sich bildenden Wasserdampfes genutzt. Diese Geräte, die im Ausland wie selbstverständlich in Lehrbüchern behandelt werden, bringen neben vielen anderen Effekten einen erheblichen Sicherheitsgewinn bei Brandeinsätzen. Bevor der Raum betreten wird, kann unter bestimmten Voraussetzungen durch den Einsatz dieser Geräte die Temperatur im Brandraum drastisch abgesenkt und der Flammenaustritt gestoppt werden. Auch die Gefahr der Durchzündung der Rauchgase kann in vielen Fällen weitgehend ausgeschlossen werden.

Selbst wenn ein Brand durch den ausschließlichen Einsatz von FogNails oder dem Löschsysstem COBRA nur selten vollständig gelöscht werden kann, so erlauben diese Geräte eine schnelle Stabilisierung der Lage bei geringem Personalaufwand. Die Stabilisierung kann durch Absenkung der Temperatur im Brandraum oder durch eine Riegelstellung – zum Beispiel bei Dachstuhlbränden – erreicht werden (▶ Bild 101).

Bild 101: ***Ein solcher Brand lässt sich mit einem FogNail zwar nicht gänzlich löschen, er kann aber deutlich eingedämmt werden. Bei einem Brandversuch am Karlsruhe Institut für Technologie (KIT) wurde ein vergleichbarer Brand mit einem FogNail innerhalb einer Minute mit ca. 50 l Wasser unter Kontrolle gebracht. Es kam zu einem Temperatursturz um 500 Grad und zu einem völligen Erliegen des Flammenaustritts aus dem Fenster.***

In zunehmendem Maße kommt es auch in unserem Umfeld zu Veränderungen, die uns im Einsatz Probleme bereiten können oder zu erhöhten Anforderungen führen. Als Beispiel sind hier moderne Fensterscheiben zu nennen, die unter der Einwirkung von Feuer nicht oder erst sehr spät bersten. Der Fortschritt im Fensterbau und die Verwendung von Spezialverglasungen, der Bau von Doppelfassaden usw. sind hierfür als Gründe zu nennen. Rauchgase, Pyrolyseprodukte und Wärme können oftmals nicht so abziehen, wie es früher der Fall war. Der entstehende Wärmestau erschwert den Innenangriff in ganz erheblichem Maße. Gleichzeitig steigt die Gefahr der Rauchgasexplosion durch die Ansammlung brennbarer Gase, die sich bei Sauerstoffmangel bilden. Zudem wird der Einsatz von Überdruckbelüftern zunehmend erschwert und auch eine Brandbekämpfung von außen kann erst stattfinden, wenn die Scheibe platzt oder wenn es gelingt, sie zu zerstören (▶ Bild 102).

Bild 102: ***Auch unter einsatztaktischen Gesichtspunkten ein schöner Anblick. Die vorhandene Abluftöffnung trägt in gewisser Weise zu einer Entspannung der Situation bei und erschließt uns zusätzliche Angriffsmöglichkeiten.***

Das gezielte Zerstören von Scheiben kann derzeit in vielen Fällen aus Sicherheitsgründen nicht realisiert werden. Es müsste aus sicherer Entfernung oder aus einer geeigneten Deckung heraus erfolgen. Moderne Fenster sind so gut, dass sie trotz Beaufschlagung mit Feuer nicht platzen, wenn von der anderen Seite gezielt mit Vollstrahl Wasser aufgegeben wird. Ebenso wenig sind sie mit Schusswaffen, Bolzenschussapparaten usw. großflächig zu zerstören. Es müssen Überlegungen angestellt und Geräte entwickelt werden, die es uns ermöglichen, Fenster gefahrlos von außen zu zerstören. Allgemein gilt es, Verfahren zu entwickeln oder aus dem

Ausland zu übernehmen, mit denen Wärmeabzugsöffnungen geschaffen werden. Hierbei können möglicherweise moderne Sprengstoffe und -techniken wertvolle Dienste tun.

4.8 Der Vorbeugende bauliche Brandschutz

Der Vorbeugende bauliche Brandschutz ist wesentlicher Bestandteil des Brandschutzes in einer modernen Gesellschaft. Wie der Abwehrende Brandschutz verfolgt auch er das Ziel, Schäden durch Schadenfeuer zu verhindern oder wenigstens zu minimieren. Somit ist für eine optimale Schadenabwehr eine gut funktionierende Abstimmung zwischen dem Vorbeugenden und Abwehrenden Brandschutz anzustreben.

Bild 103: ***Muss eine Angriffsleitung durch eine Öffnung verlegt werden, die normalerweise von einer Rauchschutztür abgedeckt wird, so ist die Feuerwehr gezwungen, die Tür zu öffnen und offen zu halten und damit ihrer Schutzwirkung zu berauben.***

Obwohl es im Bereich des Vorbeugenden Brandschutzes zum Teil wesentliche Fortschritte zu verzeichnen gibt, bleiben einige Beispiele, bei denen die notwendige Abstimmung nicht optimal gegeben ist. Ein Abstimmungsproblem, wenn man es so nennen möchte, ist die Tatsache, dass Rauchschutztüren mit einer Schlauchleitung nicht passiert werden können, ohne dass ab diesem Moment die Tür ihre Funktion nicht mehr erfüllen kann. Wie schon in einem der eingangs aufgeführten Beispiele aufgezeigt, sind wir nicht selten gezwungen, ausgerechnet nach Ausbruch eines Brandes die Türen zu öffnen, die häufig ausschließlich für einen möglichen Brandfall eingebaut wurden.

Diese Türen sind sehr teuer und werden von den Nutzern des Objektes nicht selten als störend für den täglichen Betriebsablauf empfunden. Sie sind völlig überflüssig, solange es nicht brennt. Im Brandfall können sie jedoch sehr entscheidend Einfluss auf den Schadenverlauf nehmen. Und gerade in dieser Situation nehmen die anrückenden Feuerwehrangehörigen diese Türen nicht selten außer Betrieb, um ihre eigene Aufgabe, die Brandbekämpfung, wahrnehmen zu können (▶ Bild 103).

In vielen Fällen haben die Türen bis zum Eintreffen der Feuerwehr schon wesentliche Dienste geleistet und möglicherweise ihre Hauptaufgabe abschließend erfüllt, indem Rettungswege rauchfrei gehalten wurden. Trotzdem ist nicht einzusehen, warum die Türen nicht auch nach dem Eintreffen und während des Vorgehens der Feuerwehr das Erreichen der gemeinsamen Ziele von Vorbeugendem und Abwehrendem Brandschutz unterstützen sollen. Dies gilt auch für das Schutzziel der Menschenrettung, da es genügend Fälle gibt, bei denen bis zum Beginn des Angriffs der Feuerwehr die Räumung des Gebäudes keinesfalls abgeschlossen ist. In solchen Fällen kann nicht ausgeschlossen werden, dass der oder die Rettungswege auch noch zu einem Zeitpunkt benötigt werden, zu dem ein Angriff zur Menschenrettung oder Brandbekämpfung bereits läuft.

Es sollte technische Möglichkeiten geben, diese Türen so zu bauen, dass ein Einsatz der Feuerwehr ermöglicht wird, ohne dass deswegen die Funktionsfähigkeit der Tür in Frage gestellt werden muss. Dass dies grundsätzlich möglich ist, zeigen Beispiele aus dem Schiffsbau. Hier werden Türen eingebaut, die es erlauben, trotz verlegter Leitungen geschlossen zu werden. Damit soll erreicht werden, dass bei Bauarbeiten nicht alle Türen offen gehalten werden müssen, wenn zum Beispiel Luftleitungen, Kabel usw. von einem Brand- beziehungsweise Rauchabschnitt zum nächsten verlegt werden.

Besonders interessant erscheint die Kombination von rauchdichten Türen und Wandhydranten oder Steigleitungen, die in zentralen Treppenräumen angebracht sind. Da im Treppenraum nach Vorschrift keine Brandlast sein darf und in der Regel auch nicht vorhanden ist, werden diese Löscheinrichtungen fast ausschließlich

Bild 104: ***Befindet sich die Steigleitung im Treppenraum, so muss die Rauchschutztür, die den Treppenraum gegen den Flur abschottet, geöffnet werden. Die Tür kann in diesem Moment ihre Funktion nicht mehr wahrnehmen.***

gefordert und eingebaut, um Brände in den Zimmern jenseits der rauchdichten Abtrennung zwischen Flur und Treppenraum bekämpfen zu können. Unabhängig davon, für wen diese Einrichtungen installiert worden sind und von wem sie eingesetzt werden, kann festgestellt werden, dass niemals beide Einrichtungen gleichzeitig ihre Aufgabe wahrnehmen können (▶ Bild 104). Mit Vornahme eines Rohres vom Wandhydranten oder von der Steigleitung wird zwangsläufig die Schutzfunktion der Tür aufgehoben.

Unter diesem Gesichtspunkt muss versucht werden, Bauherren davon zu überzeugen, Wandhydranten in Fluren zu installieren, auch wenn dadurch höhere Kosten entstehen.

Sofern es in einem Raum zu einem Brand kommt und der Flur bei Eintreffen der Feuerwehr noch rauchfrei ist, kann problemlos auf die Steigleitung im Brandgeschoss zurückgegriffen werden. Die Abschottung des Treppenraumes bleibt erhalten. Sollte der Flur bereits verraucht sein, muss im Einzelfall geprüft werden, ob der Zugriff zum Wandhydranten noch so gefahrlos möglich ist, dass auf die Mitnahme eines Rohres

Bild 105: ***Befindet sich der Wandhydrant wie in diesem Beispiel im Flur vor der Rauchschutztür, kann der Angriff über die Steigleitung vorgetragen werden, während die Rauchschutztür wieder geschlossen wird und auf diese Weise ihre Funktion erfüllen kann. Der Treppenraum im Hintergrund wird dadurch auch während der Löscharbeiten geschützt und bleibt rauchfrei. Dies gilt natürlich auch für den Fall, dass die Angriffsleitung des Wandhydranten von Betriebsangehörigen oder Hausbewohnern vorgenommen wird.***

(bis zum Wandhydranten) verzichtet werden kann. Ist dies nicht gegeben, so bleibt die Möglichkeit, von einem Wandhydranten aus dem darunter liegenden Geschoss den Angriff vorzutragen. In diesem Fall wird dann natürlich die Schutzfunktion der Rauchschutztür aufgehoben. Durch die in diesem Fall notwendige Öffnung einer weiteren Rauchschutztür im darunter liegenden Geschoss sind keine zusätzlichen Probleme zu erwarten, da die Rauchgase nach oben aufsteigen.

4.9 Neue Ideen nur für vollbesetzte Löschzüge?

Bei den Berufsfeuerwehren herrscht oft Personalmangel. Der Sparzwang der Kommunen führt zu einem fortschreitenden Stellenabbau, die Löschzüge sind häufig stark unterbesetzt. Auch bei den Freiwilligen Feuerwehren stellen sich zunehmend Probleme ein, insbesondere tagsüber an Werktagen genügend Feuerwehrangehörige im Einsatzfall zur Verfügung zu haben (▶ Bild 106).

Einige der hier vorgestellten Überlegungen erfordern jedoch einen erhöhten Personaleinsatz, wenn ergänzende, schadenminimierende Maßnahmen parallel zu den klassischen Maßnahmen durchgeführt werden sollen. Trotzdem sollte man nicht dem Irrglauben verfallen, dass in solchen Fällen nur klassische Maßnahmen möglich beziehungsweise sinnvoll sind. Generell gilt, dass der Einsatzleiter umso mehr gefordert ist, je weniger Personal verfügbar ist. Bei genauerer Betrachtung erkennt man nämlich, dass es gerade bei Personalmangel ganz entscheidend ist, in der

Bild 106: ***Die Anzahl der verfügbaren Einsatzkräfte kann in Abhängigkeit von Ort, Wochentag und Tageszeit ganz erheblich schwanken. Nicht immer stehen gleich zu Beginn so voll besetzte Löschzüge nach AGBF-Standard (1/3/12/16) zur Verfügung.***

Anfangsphase keine Fehler zu machen und die Schwerpunkte von Beginn an richtig zu setzen. Insbesondere bei Personalmangel lohnt es sich, genau zu überlegen, wo die Gefahrenschwerpunkte tatsächlich sind und hieraus abgeleitet Prioritäten zu setzen und zu entscheiden, wo und in welcher Reihenfolge Maßnahmen zu ergreifen sind.

Ein Zugführer, der das Glück hat, mit einem stark besetzten Löschzug den Einsatzort zu erreichen, hat genügend Potenzial, um bei möglichen taktischen Fehlern deren Auswirkungen durch einen verstärkten Personaleinsatz zu kompensieren oder einigermaßen erträglich zu gestalten. Ein Fahrzeugführer, der im Gegensatz hierzu jedoch nur einen einzigen Trupp unter Pressluftatmer einsetzen kann, muss sich sehr genau überlegen, in welcher Reihenfolge er welche Maßnahme ergreift. Er muss sich bewusst machen, dass bis zum Eintreffen der Verstärkung noch einige Minuten vergehen werden. Gerade er muss sich fragen, ob er es verantworten kann, den Treppenraum und Wohnungen, in denen sich noch Personen aufhalten können, mit Rauchgasen zu fluten oder ob es nicht besser ist, zunächst den Rückraum zu sichern (Kontrolle noch nicht verrauchter Bereiche, die im Zuge der anstehenden Löscharbeiten verraucht werden), bevor zum Angriff übergegangen wird.

Bild 107: ***Gerade bei Personalmangel ist der Fahrzeugführer gefordert, genau zu überlegen und das vorhandene Potenzial ganz gezielt einzusetzen, um ein möglichst gutes Ergebnis erzielen zu können.***

Was macht zum Beispiel der Gruppenführer, dessen einziger Trupp unter Pressluftatmer gerade im Keller verschwunden ist, wenn plötzlich Rufe aus dem verrauchten Treppenraum wahrgenommen werden und die Funkverbindung zum Angriffstrupp nicht optimal gegeben ist?

Die Antwort kann sich jeder selbst geben.

4.10 Umdenken – auch im Interesse der eigenen Sicherheit

Die in diesem Buch vorgestellten Überlegungen sind darauf ausgerichtet, Sachwerte zu erhalten und Menschenleben zu schützen. An dieser Stelle soll nochmals unterstrichen werden, dass es dabei nicht zuletzt auch um das Leben und die Gesundheit der eingesetzten Feuerwehrangehörigen geht. Wir müssen uns immer bewusst machen, dass die Feuerwehrangehörigen auch Menschen sind, deren Leben den

Bild 108: ***Auch bei Nachlöscharbeiten lauern Gefahren durch Atemgifte, Einsturz usw. Durch nachlassende Konzentration, schwindende Kräfte und eine Vernachlässigung von Sicherheitsstandards kommt es dabei nicht selten zu schweren Unfällen – obwohl es (oder gerade weil) es um nichts mehr geht.***

gleichen Stellenwert haben muss, wie jedes andere Menschenleben, mit dem wir es bei Einsätzen zu tun haben können. Auch wenn ein gewisses Risiko nicht immer vermeidbar ist, so sind unverhältnismäßige und unkalkulierbare Risiken nicht zu rechtfertigen. Viele schwere Unfälle, bei denen Feuerwehrangehörige schwer verletzt oder getötet wurden, ereigneten sich zu einem Zeitpunkt, als es nicht um die Rettung von Menschenleben ging beziehungsweise eine Rettung bei genauerer Betrachtung gar nicht mehr möglich war. Nicht selten passieren solche Unfälle sogar zu einem Zeitpunkt, wenn nicht einmal mehr Sachwerte zu retten sind, mitunter sogar bei Nachlöscharbeiten.

Feuerwehrangehörige werden verletzt oder getötet, weil die Lage nicht realistisch beurteilt oder nicht realisierbare Ziele verfolgt werden. Es gibt sicherlich Grenzfälle, die sich erst im Nachhinein klar darstellen lassen. Es gibt aber auch eindeutige Fälle, wo die Fakten bereits während des Einsatzes offensichtlich sind, wir müssen sie nur sehen wollen und akzeptieren.

Bild 109: ***Ein langer Flur, unterteilt durch mehrere Rauchschutztüren. Beim Vorgehen können rauchfreie Abschnitte zügig passiert werden. Der Rückzug durch den gleichen – nun verrauchten Flur – kostet wesentlich mehr Zeit und Atemluft.***

Wir müssen auch erkennen, dass wir uns bei vielen Einsätzen das Leben selbst schwer machen und damit das Risiko für die eingesetzten Kräfte unnötig erhöhen. So lassen wir Rauch in Bereiche eindringen, durch die sich unsere Trupps im Gefahrfall zurückziehen müssen. Im Zuge unseres Angriffs verlängern die Trupps ihren Rückzugsweg, häufig ohne dass dies bei der Berechnung des Luftvorrats für den Rückweg einkalkuliert wird.

Es kann eng werden, wenn der über einen langen, rauchfreien Flur vorgehende Trupp auf dem Rückweg den gleichen, allerdings völlig verrauchten Weg kriechend und tastend bewältigen muss (▶ Bild 109). Wir verlängern Angriffswege und damit die Zugriffszeiten der Sicherheitstrupps, weil wir nicht genügend Wert darauf legen, Flure, Treppenräume, Foyers und sonstige Gebäudeteile rauchfrei zu halten.

Durch übereilte Maßnahmen bringen wir uns häufig in Zugzwang. Wir geraten in Stress, weil wir Entwicklungen im Vorfeld nicht überdacht hatten und den Folgen unseres eigenen Tuns unvorbereitet gegenüberstehen. Stress kann die Leistungsbereitschaft erhöhen, führt jedoch häufig auch zu Fehlreaktionen und Kurzschlusshandlungen. Stress an der Einsatzstelle muss frühzeitig bekämpft werden, am besten bevor er überhaupt auftritt. Wir müssen ruhiger agieren und bemüht sein, durch wohlüberlegte Maßnahmen zu vermeiden, unter Zeitdruck zu geraten. Und an erster Stelle muss immer unsere eigene Sicherheit stehen.

4.11 Hinweise zur Sanierung

Ein Brand ist ein sehr anstrengendes Ereignis. Sind die Löscharbeiten abgeschlossen, sehnen sich alle Beteiligten nach Ruhe. Dies gilt neben den Feuerwehrangehörigen auch für die Geschädigten. Allgemeine Erleichterung macht sich breit, da alle Gefahren vermeintlich gebannt sind. Tatsächlich ist die Lage aber gerade bei Bränden im gewerblichen Bereich noch nicht stabil. Ein langsam fortschreitender Korrosionsprozess ist möglicherweise in Gang gekommen, der erhebliche Schäden verursachen kann und schnellstmöglich gestoppt werden muss.

Durch den Brand ist die Temperatur im Gebäude in der Regel noch erhöht. Reste von Löschwasser sorgen für einen Anstieg der Luftfeuchtigkeit. In diesem Klima kommt es in Anwesenheit von Salzsäure, mit der als Verbrennungsprodukt beispielsweise von Polyvinylchlorid (PVC) immer zu rechnen ist, zu einer massiven Korrosion, durch die metallische Oberflächen von Maschinen, Werkzeugen, Armierungen usw. binnen weniger Tage schwer geschädigt werden können.

Um auch dieser Gefahr begegnen zu können, bedarf es Fachfirmen, die sich auf die Brandschadensanierung spezialisiert haben. Die Firmen sind in der Lage den

Bild 110: ***Typische Korrosionsschäden an einem Werkstück, ausgelöst von korrosiven Dämpfen nach einem Brand (Foto: Fa. Belfor Deutschland GmbH).***

Korrosionsprozess mit relativ einfachen Maßnahmen zu stoppen. Zu diesen Maßnahmen gehört die Reduzierung der Luftfeuchtigkeit im ganzen Raum oder im Umfeld gefährdeter Maschinen. Letzteres wird ermöglicht, in dem die Maschine in Folie verpackt und die unter der Folie befindliche Luft getrocknet wird. Eine weitere Möglichkeit stellt das Einsprühen der metallischen Oberflächen mit einem Öl dar. Darüber hinaus können die Firmen unmittelbar nach dem Brand vielleicht noch Daten sichern, die sich auf Festplatten befinden, die aktuell noch funktionieren, in Folge der fortschreitenden Korrosion auf den Platinen aber schon in Kürze unbrauchbar werden können.

Wie schon dargestellt, kann es keine Aufgabe der Feuerwehr sein, diese Maßnahmen zur Vermeidung von Korrosion zu treffen. Ebenso sollte sich die Feuerwehr davor hüten, entsprechende Aufträge an Fachfirmen zu vergeben, da die Kommune ansonsten Gefahr läuft, die dabei entstehenden Kosten übernehmen zu müssen. Die Feuerwehr kann allerdings den Gewerbetreibenden auf die Korrosionsgefahr hinweisen und die Empfehlung aussprechen, umgehend mit seiner Sachversicherung in Kontakt zu treten, um über diese schnellstmöglich eine geeignete Sanierungsfirma vor Ort zu bekommen.

Große Sanierungsfirmen sind darauf vorbereitet, binnen weniger Stunden vor Ort die Arbeit aufnehmen und zumindest die Sofortmaßnahmen ausführen zu können. Sind diese dann abgeschlossen, ist auch die Gefahr der Korrosion gebannt, hat die Schadenstelle einen weitgehend stationären Zustand erreicht, der es dem Unternehmer erlaubt, in Ruhe die nächsten Schritte zu veranlassen.

5 Ergänzende Beispiele

Zum Abschluss des Buches soll anhand weiterer Einsatzbeispiele gezeigt werden, dass es nicht zwangsläufig besser ist, immer die zunächst naheliegende Lösung anzustreben. Oftmals sind es unkonventionelle Lösungen, die zum Erfolg führen. Die Beispiele belegen, dass ruhiges Überlegen und Mut zu logischen, wenn auch atypischen Maßnahmen, häufig Sinn machen. Überhastete Aktionen sind gelegentlich unabdingbar, in der Regel jedoch nicht optimal.

Zunächst ein tragisches Beispiel, welches hier nur zur Diskussion gestellt werden kann. Natürlich wird es in solch extremen Ernstfallsituationen schwierig sein, die in diesem Buch vorgestellten Überlegungen umzusetzen. Es ist aber in jedem Fall sinnvoll, darüber nachzudenken.

5.1 Das brennende Kinderzimmer – wo sind die Kinder?

5.1.1 Die Ausgangslage

In einem Wohngebäude ist ein Feuer ausgebrochen. Bei Eintreffen der Feuerwehr schlagen bereits Flammen aus einem Fenster im ersten Obergeschoss. Eine aufgeregte junge Frau empfängt die Einsatzkräfte und informiert sie, dass sich ihre beiden Kinder (drei und sechs Jahre alt) noch im Haus befinden. Die weitere Befragung ergibt, dass sich die Kinder im Kinderzimmer aufhalten. Bei dem Kinderzimmer handelt es sich um das Zimmer, aus dem die Flammen herausschlagen. Die Mutter gibt eine kurze Beschreibung ihrer Wohnung, das Kinderzimmer liegt gleich am Anfang der Wohnung, erste Tür links.

Als der Angriffstrupp in die Wohnung eindringt, ist diese bereits stark verraucht. Das Kinderzimmer steht in Vollbrand. Der Angriffstrupp ist nun auf sich allein gestellt. Er hat den Angriffsbefehl erhalten, zur Menschenrettung unter Pressluftatmer mit C-Rohr über den Treppenraum in die Wohnung einzudringen. Sein Ziel ist es, die Kinder lebend zu retten. In der Wohnung angekommen, muss er selbst über sein weiteres Vorgehen entscheiden. Was soll er tun? Er hat grundsätzlich zwei Möglichkeiten:

1. Er kann unverzüglich die Brandbekämpfung im Kinderzimmer aufnehmen und versuchen, die Kinder aus dem Zimmer zu retten (Menschenrettung durch Brandbekämpfung).

2. Er kann das Kinderzimmer aufgeben und zunächst mit dem Absuchen der übrigen Wohnung nach den vermissten Kindern beginnen.

Laut Aussage der Mutter sind die Kinder im Kinderzimmer. Diese Tatsache scheint eindeutig dafür zu sprechen, die Suche genau in diesem Zimmer zu beginnen. Allerdings steht dieses Zimmer in Vollbrand, weswegen davon ausgegangen werden muss, dass die Kinder, sofern die Mutter Recht hat, nicht mehr am Leben sind. Wir müssen uns dieser Tatsache bewusst sein und darüber hinaus erkennen, dass eine Rettung der Kinder aus diesem Zimmer erst möglich sein wird, wenn der Brand soweit bekämpft ist, dass das Zimmer überhaupt betreten werden kann. Bis dahin vergehen einige Minuten. Die Kinder müssten also noch einige Minuten Temperaturen von mehreren hundert Grad aushalten, würden dabei mit überhitztem Wasserdampf in Kontakt kommen und wären zudem der Wirkung toxischer Gase und akutem Sauerstoffmangel ausgesetzt.

Sachlich betrachtet haben die Kinder demzufolge nur eine Chance, wenn sie entgegen der Vermutung der Mutter nicht im Kinderzimmer waren, als der Brand ausgebrochen ist oder das Zimmer rechtzeitig verlassen konnten. In diesem Fall

Bild 111: ***Personen, die sich in diesem Zimmer befinden, haben kaum eine Überlebenschance.***

können sie noch am Leben sein und sich irgendwo in der Wohnung versteckt haben. Sie sind in diesem Fall durch Atemgifte akut gefährdet.

Es erscheint sicherlich makaber, zu versuchen, eine Entscheidungsfindung im Zusammenhang mit einer Menschenrettung, noch dazu von Kindern, mathematisch herzuleiten. Gerade in solchen Extremsituationen muss jedoch versucht werden, sachlich zu entscheiden und emotionale Gedanken zu unterdrücken. Deswegen an dieser Stelle der Versuch, die dramatische Situation mathematisch zu beschreiben und zu bewerten.

Mathematisch formuliert muss die Wahrscheinlichkeit, dass die Kinder im Kinderzimmer sind, mit der Wahrscheinlichkeit, dass sie aus diesem Zimmer lebend gerettet werden können, multipliziert werden. Ebenso muss das Produkt aus der Wahrscheinlichkeit, dass die Kinder nicht im Kinderzimmer sind und der Wahrscheinlichkeit, dass sie an diesem (anderen) Ort noch zu retten sind, gebildet werden. Geht man davon aus, dass die Kinder im Kinderzimmer nicht mehr lebend zu retten sein werden, so erhalten wir für das erste Produkt den Wert Null, unabhängig von der Wahrscheinlichkeit, dass die Vermutung der Mutter stimmt. Die Möglichkeit, dass die Kinder das Zimmer rechtzeitig verlassen haben könnten, ist hingegen gegeben. Ebenso besteht eine realistische Chance, sie in diesem Fall noch lebend retten zu können. Das Produkt dieser beiden Werte ist somit größer als Null. Mathematisch betrachtet macht es also Sinn, die Aussage der Mutter in Frage zu stellen und die Kinder dort zu suchen, wo sie angeblich nicht sind. In der Praxis erfordert es viel Kraft und Disziplin, diese Entscheidung zu treffen.

Dem Autor sind mehrere Beispiele bekannt, eines davon hat er selbst miterlebt, bei denen Personen nicht in dem Raum waren, in dem sie laut Aussage von Zeugen vermutet wurden. In einem Fall vermutete die Mutter – wie in unserem Beispiel – ihre Kinder im lichterloh brennenden Kinderzimmer. Sie wurden lebend von der Couch im Wohnzimmer gerettet.

In einem anderen Fall wurde eine Mutter mit ihrem Kind in dem in voller Ausdehnung brennenden Schlafzimmer vermutet. Deswegen konzentrierten sich zunächst alle Maßnahmen auf diesen Raum. Erst nachdem erkannt wurde, dass sich keine Personen (Leichen) im ausgebrannten Schlafzimmer befanden, wurde die Suche auf den Rest der Wohnung ausgedehnt. Für die Mutter und ihr Kind kam jede Hilfe zu spät. Sie wurden leblos in der Küche gefunden. Sie verstarben, trotz zunächst erfolgreicher Reanimation, an Rauchvergiftungen.

In den meisten Fällen werden wir feststellen müssen, dass die Mutter sich nicht geirrt hat. Die Kinder waren im Kinderzimmer und sind dort ums Leben gekommen. Wir müssen dann damit fertig werden, dass wir trotz der Aussage der Mutter unsere Bemühungen zunächst nicht auf das Kinderzimmer konzentriert haben. Wir können uns jedoch damit trösten, dass wir den Kindern nicht hätten helfen können. Sie hatten schon keine Chance mehr, als wir vor Ort eingetroffen sind. Umgekehrt wird es noch schwieriger sein, mit der Situation umzugehen, wenn wir erkennen müssen, dass wir nur die naheliegendste Lösung verfolgt haben und dadurch noch zu rettende Menschen sterben mussten.

5.2 Angebrannte Speisen – und die Feuerwehr schaut zu

Aus einer Wohnung im Obergeschoss eines Mehrfamilienhauses dringt Rauch. Die eintreffende Feuerwehr bereitet sich mit einem Trupp unter Pressluftatmer vor, um in die Wohnung einzudringen. Es riecht nach angebrannten Speisen. Die Drehleiter geht vor dem Haus in Stellung. Der Drehleitermaschinist steuert den Korb vor das Küchenfenster. Die Erkundung ergibt, dass eine auf dem Herd stehende Pfanne raucht. Feuer ist noch nicht ausgebrochen. Inzwischen konnte der Wohnungsinhaber ausfindig gemacht und informiert werden. Er befindet sich bereits auf der Anfahrt zu seiner Wohnung.

Bild 112: ***Vom Korb der Drehleiter aus wird die Lage in der Wohnung permanent beobachtet, bis der Eigentümer mit dem Schlüssel vor Ort ist.***

Der Einsatzleiter hält den Angriffstrupp zurück und verzichtet auf die gewaltsame Öffnung der Tür (ziehen des Schließzylinders). Stattdessen wartet er auf den Wohnungsinhaber. Die Drehleiter bleibt permanent vor dem Fenster der Küche. Der Fahrzeugführer der Drehleiter beobachtet im Korb die Lage in der Küche, um einen eventuellen Brandausbruch sofort melden zu können. In diesem Moment würde der sofortige Zugriff erfolgen.

Nachdem der Wohnungsinhaber eingetroffen ist und die Wohnungstür aufgeschlossen hat, dringt der Angriffstrupp unter Pressluftatmer in die Wohnung ein, nimmt die Pfanne vom Herd und lüftet die Wohnung durch. Ein Überdruckbelüfter verhindert das Eindringen der Essensdünste in den Treppenraum.

Der Geruch von angebrannten Speisen wird den Wohnungsinhaber sicherlich noch einige Stunden begleiten. Danach wird er seine Wohnung dank der umsichtigen Vorgehensweise völlig unbeschadet nutzen können.

5.3 Natrium auf der Fahrbahn

Über Notruf wird der Feuerwehr ein mysteriöser Vorgang gemeldet. Kinder haben an einem Bahndamm mit Feuer gespielt. Ein Nachbar beobachtete dies und versuchte, den Brand mit einem Eimer Wasser zu löschen. Dabei kam es zu einer Explosion, der Mann zog sich Verletzungen zu.

Bei Eintreffen der Feuerwehr kommt es bei leichtem Nieselregen an verschiedenen Stellen des Bahndamms und auf der Fahrbahn zu Feuererscheinungen mit leuchtend gelber Flamme. Offensichtlich reagieren hier chemische Stoffe mit Wasser unter Flammenerscheinung. Die Flammenfarbe gibt einen deutlichen Hinweis auf Natrium.

Natrium ist ein Alkalimetall, welches mit Wasser heftig und unter Wasserstoffentwicklung reagiert. Natrium darf nicht mit Wasser in Berührung kommen, es besteht Explosionsgefahr.

Bei klassischer, schulmäßiger Vorgehensweise müsste man nun versuchen, die versprengten Natriumbrocken und -krümel aufzulesen. Dabei besteht permanent die Gefahr von Folgereaktionen, da es leicht regnet.

Der Einsatzleiter entschließt sich zu einer unkonventionellen Maßnahme. Er lässt das TLF 24/50 einige Meter zurücksetzen und befiehlt den Einsatz des Fahrzeugmonitors. Nach einigen mehr oder minder heftigen Schlägen kehrt Ruhe ein. Das Natrium wurde chemisch zu Natronlauge und Wasserstoff umgesetzt. Die geringen Mengen Natronlauge gelangen über die Kanalisation in die Kläranlage, die problemlos damit umgehen kann. Ein langwieriger Einsatz mit einem nicht auszuschließenden Risiko wurde unkonventionell bewältigt.

5.4 Bergwerksunglück

In einem Bergwerk kommt es zum Einsturz eines Stollens. Ein Kumpel ist im Bergwerk eingeschlossen. Unverzüglich fährt ein Rettungstrupp mit zehn Personen zur Menschenrettung in das Bergwerk ein. Der Zeitdruck – es geht um eine Menschenrettung – scheint sehr groß zu sein. Für eine Stabilisierung der Lage nimmt man sich nicht die Zeit. Als es zu einem weiteren Einsturz kommt, werden auch die Retter eingeschlossen.

Die später in Ruhe durchgeführten Rettungsversuche brachten schließlich zumindest noch einen Teilerfolg. Der ursprünglich vermisste Kumpel konnte nach Tagen völlig überraschend noch gerettet werden.

Nachdenklich stimmt die Tatsache, dass zehn Menschenleben riskiert und verloren wurden, um ein einziges Menschenleben zu retten, für das es kaum noch Hoffnung gab. Für die zehn Retter kam übrigens jede Hilfe zu spät, ihre Leichen konnten nie aus dem Berg geborgen werden.

6 Zusammenfassung

Die deutsche Feuerwehr genießt den Status einer »heiligen Kuh«. Abgesehen von wenigen dezenten Nachfragen oder Angriffen seitens der Bevölkerung, der Medien, der Versicherungen und der politischen Gremien wagt es in der Regel niemand, die Maßnahmen der Feuerwehr in Frage zu stellen. In diesem Status der scheinbaren Unfehlbarkeit sonnen wir uns.

Es ist ein Irrglaube zu meinen, unsere Fehler würden nicht gesehen. Selbst von Laien sind mitunter Äußerungen zu hören wie »eigentlich bin ich mit dem Einsatz der Feuerwehr gar nicht so zufrieden« (der Kunde hatte auf der Flucht alle Türen geschlossen und fand sie nach dem Einsatz offen stehend vor) oder »muss man sich das eigentlich gefallen lassen?« (eine Hausbesitzerin, der die Feuerwehr alle Zimmertüren eingetreten hatte, obwohl diese nicht abgeschlossen waren).

So vorteilhaft es auch sein mag, als »heilige Kuh« außerhalb der öffentlichen Kritik zu stehen, so gefährlich ist es, dem Irrglauben zu verfallen, dieser Status werde ewig andauern. Tatsächlich bröckelt der Status bereits. Zunehmend wird die Arbeit der Feuerwehr hinterfragt. Besonders deutlich wurde und wird dies im Zusammenhang mit Einsätzen, bei denen es durch die Verwendung von Schaum zu Umweltschäden gekommen ist. Hier hat es bereits Urteile gegeben, bei denen die Feuerwehr beziehungsweise die Gemeinde als Träger der Feuerwehr in die Verantwortung genommen wurde und Schadenersatz in Millionenhöhe leisten musste. Es ist schon heute erkennbar, dass von Seiten der Versicherungen, der Geschädigten, der Medien und der Politik mehr und mehr die Leistungsfähigkeit und die einsatztaktischen Maßnahmen der Feuerwehr kritisch hinterfragt werden. Werden beispielsweise die Qualitätskriterien deutlich verfehlt, unverhältnismäßig Maßnahmen ergriffen oder notwendige Maßnahmen unterlassen usw. so kann dies zu durchaus berechtigten Forderungen und Klagen führen. Hierauf müssen wir uns einstellen. Die Versicherer sind sich ihrer Verantwortung gegenüber den Feuerwehren bewusst. Sie sind aber umgekehrt zunehmend nicht mehr bereit wegzuschauen und in allen Fällen ohne Rücksicht auf Fehler, Nachlässigkeiten und Missstände zu zahlen und zur Tagesordnung überzugehen. Die Versicherer könnten in vielen Fällen Regressforderungen stellen oder die Übernahme von Einsatzkosten verweigern. Sie tun dies in der Regel nicht, da sie kein Interesse daran haben, Feuerwehrangehörige zu verunsichern und zu demotivieren. Diese Zurückhaltung darf von uns nicht falsch verstanden werden.

Regressforderungen sind unter Umständen auch zu erwarten, wenn Geschädigte nicht versichert sind und nur dann auf Schadenersatz hoffen können (zumindest in

Teilen), wenn sie jemandem (beispielsweise der Feuerwehr) Fehler nachweisen können, die zu vermeidbaren Schäden geführt haben. Da immer mehr Menschen in unserer Gesellschaft ihren Hausrat und sogar die Häuser nicht mehr versichert haben, steigt dieses Risiko weiter an.

Es macht sicherlich Sinn, bereits heute die eigenen Maßnahmen ehrlich und kritisch in den eigenen Reihen zu diskutieren, Mängel und Schwächen schonungslos aufzudecken und an deren Behebung zu arbeiten. Einsatzstellen müssen nach dem Brand kritisch begangen werden. Einsatznachbesprechungen sind in verstärktem Maße durchzuführen. Übungen müssen häufiger unter realitätsnahen Bedingungen durchgeführt werden. Es kann nicht sein, dass immer mit vollbesetzten Fahrzeugen geübt wird, obwohl jeder weiß, dass es Tageszeiten gibt, wo viele Fahrzeuge unterbesetzt sind oder gar nicht ausrücken können. Es macht auch keinen Sinn, wenn der Einsatzleiter die Übung selbst ausgearbeitet hat und zeigen kann, wie geschickt er die von ihm selbst gestellten Fallen umgeht. Mut zur Lücke ist gefragt. Wir müssen bereit sein, auch mal eine Übung misslingen zu lassen und im Anschluss offen darüber zu reden. Übungskritiken wie »Kameraden/Kollegen, im Großen und Ganzen hat es ja ganz gut geklappt« bringen uns keinen Schritt weiter. Nur wenn wir uns selbst unter Druck setzen und uns zwingen, Fehler aufzudecken und besser zu werden, werden wir den Ansprüchen der Zukunft gerecht werden können.

Fehler können sowohl an der Einsatzstelle, aber auch schon im Vorfeld gemacht werden. So müssen gravierende und offenkundige Missstände behoben oder den Verantwortlichen angezeigt werden, da uns ansonsten ein Organisationsverschulden angelastet werden kann. Können beispielsweise große Teile des Zuständigkeitsbereichs nicht innerhalb der Vorgaben bedient werden, so besteht grundsätzlich Handlungsbedarf. Selbst wenn sich das Problem nicht gänzlich beheben lässt und die Qualitätskriterien nicht zu 100 Prozent erfüllt werden können, so muss erkennbar sein, dass man sich mit dem Problem beschäftigt und versucht hat, eine einigermaßen tragfähige Lösung zu finden. Gleiches gilt, wenn die Tagesverfügbarkeit nicht mehr gegeben ist oder die Wehr nicht über genügend Atemschutzgeräteträger verfügt, um im Notfall ihrem gesetzlichen Auftrag entsprechen zu können.

Eine verantwortliche Führungskraft der Feuerwehr ist gut beraten, den Zustand der Feuerwehr ehrlich darzustellen und etwaige Probleme gegenüber den politisch Verantwortlichen in einer Art und Weise aufzuzeigen, die im Ernstfall dokumentiert und für Dritte nachvollziehbar ist. Ein gutes Instrument, welches helfen kann, dieses Ziel zu erreichen, bietet die Aufstellung eines Brandschutzbedarfsplans, der die Situation realistisch darstellt und dem Gemeinderat zur Abstimmung vorgelegt wird.

Jahreshauptübungen, bei denen den Verantwortlichen eine heile Welt suggeriert wird, sind hingegen kontraproduktiv.

Die Einrichtung und Unterhaltung einer leistungsfähigen Feuerwehr ist eine Pflichtaufgabe einer Gemeinde. Es die Pflicht der Politik, die Gelder für die Pflichtaufgabe »Brandschutz« bereitzustellen, die benötigt werden, um den Ansprüchen der heutigen Zeit gerecht werden zu können.[9] Dies bedeutet natürlich nicht, dass alle Wünsche erfüllt werden müssen. In diesem Zusammenhang wundert es manchmal, wenn sich die Feuerwehrmänner und -frauen gegenüber den Gemeinderäten überaus dankbar zeigen, weil ihnen mal wieder ein Feuerwehrfahrzeug oder modernes Gerät zur Verfügung gestellt worden ist – und das trotz leerer Kassen! Auch wenn es sicherlich nicht ungeschickt ist, einen Dank auszusprechen und den Gemeinderat zu loben, so sollte nicht der Eindruck erweckt werden, als sei die Feuerwehr auf die Gnade von Gemeinderäten angewiesen. Dies ist keinesfalls der Fall. Mitunter wäre etwas Druck von außen durchaus von Vorteil, um die Zuständigkeiten und Verantwortlichkeiten spürbarer werden zu lassen, bevor etwas passiert. So wäre es durchaus wünschenswert, wenn den Politikern von Sachverständigen vermittelt würde, welche Gerätschaften und Ausrüstungsgegenstände zum Stand der Technik gehören und welche Ausbildungskosten als Minimum anzusetzen sind. Wie würde unsere Feuerwehrwelt aussehen, wenn nach einem Brand ein Gutachter den Schadenverlauf analysieren und Versäumnisse in Bezug auf die Ausstattung oder Ausbildung der Wehr aufzeigen und der Gemeinde mit Regressforderungen drohen würde, sollte der Missstand bis zum nächsten Ereignis nicht behoben sein? Wie würde unsere Feuerwehrwelt aussehen, wenn die Träger der Feuerwehr die Unfallkosten tragen müssten, sofern der Schutz des verunfallten Feuerwehrangehörigen in Bezug auf Ausrüstung und Ausbildung nicht dem Stand der Technik entsprachen.

Gute Feuerwehren haben sich vor einem Controller nicht zu fürchten. Er kann sie in ihrer Arbeit sogar unterstützen und sie mit Argumenten versorgen, um sich besser aufstellen zu können. Schlechte Feuerwehren fürchten sich zu Recht vor mehr Kontrolle von außen. Ihnen kann man nur empfehlen, an sich zu arbeiten und besser zu werden. Der Controller wird früher oder später kommen.

Insofern sieht sich der Autor nicht als Nestbeschmutzer, sondern eher als Träumer. Er träumt von einer Feuerwehr in Form einer verantwortungsbewussten, gut geschulten und angemessen ausgestatteten Truppe, die den Anforderungen in einer sich verändernden Welt gerecht wird und die Werkzeuge von der Gemeinde zur

9 Gemeint sind hier natürlich nur wirklich benötigte Fahrzeuge, Gerätschaften und Ausrüstungsgegenstände. Für darüber hinaus gehende Gerätschaften, von denen es sicherlich bei vielen Feuerwehren genügend gibt, sollte man sich auch künftig brav bedanken.

Verfügung gestellt bekommt, die sie benötigt, um gute Arbeit ohne sicherheitsrelevante Defizite leisten zu können. Die Ausrede »Wenn wir mehr Geld hätten« allein greift dabei nicht. Die meisten Probleme sind Einstellungsprobleme in unseren Köpfen. Sie lassen sich ohne jeglichen finanziellen Aufwand lösen. *Wir müssen es nur wollen.*

Literaturhinweise

Feuerwehr-Dienstvorschrift 100 (Führung und Leitung im Einsatz); Deutscher Gemeindeverlag GmbH, Stuttgart.

Heidenreich, S.: Löschen oder brennen lassen? *In:* BRANDSchutz/Deutsche Feuerwehr-Zeitung 8/2001, Seiten 714 bis 715.

Helpenstein, J. und Feyrer, J.: Überdruckbelüftung; *In:* BRANDSchutz/Deutsche Feuerwehr-Zeitung 12/1997, Seiten 982 bis 983.

Pulm, M.: Es hat gebrannt – Was ist zu tun? *In:* BRANDSchutz/Deutsche Feuerwehr-Zeitung 8/1997, Seiten 648 bis 650.

Pulm, M.: Vermeidbare Rauchschäden – müssen wir umdenken? *In:* BRANDSchutz/Deutsche Feuerwehr-Zeitung 12/1997, Seiten 974 bis 981.

Pulm, M.: FogNail – der Sprinkler für danach; *In:* BRANDSchutz/Deutsche Feuerwehr-Zeitung 12/2000, Seiten 1036 bis 1045.

Pulm, M.: Rauchschäden vermeiden – eine Idee setzt sich durch; *In:* BRANDSchutz/Deutsche Feuerwehr-Zeitung 12/2001, Seiten 1000 bis 1003.

Pulm, M.: Wärmebildkameras im Feuerwehreinsatz, Rotes Heft/Ausbildung kompakt 202, 2. Auflage, W. Kohlhammer GmbH, Stuttgart, 2008.

Reick, M.: Mobiler Rauchverschluss, Rotes Heft/Ausbildung kompakt 212, 4. Auflage, W. Kohlhammer GmbH, Stuttgart, 2015.

Hildinger, G. und Rosenauer, A.: Feuerwehrgesetz Baden-Württemberg, 4. Auflage, W. Kohlhammer GmbH, Stuttgart, 2016.

Raab, W.: Die Entwicklung der Brandschuttentsorgung – Werden die Kosten weiter steigen? In: Schadenprisma 2/1998, Seiten 4 bis 7.

Schläfer, H. (Hrsg.): Das Taktikschema, 4. Auflage, W. Kohlhammer GmbH, Stuttgart, 1998.

Schröter, K. und Hohloch, R.-J.: Vom Übungshaus zum Ernstfall: sicherheitsrelevante Erkenntnisse; *In:* BRANDSchutz/Deutsche Feuerwehr-Zeitung 4/2001, Seiten 356 bis 365.

Surwald, W.: Feuerwehrgesetz Baden-Württemberg und ergänzende Vorschriften, 7. Auflage, Richard Boorberg Verlag, Stuttgart, 1997.